传世珠宝：

璀璨与雍容

孙佳辉
吕　芳　编著

中国社会科学出版社

JEWELRY LEGEND: DAZZLING & GRACEFUL

BVLGARI
璀璨历史的回眸

Cartier
浪漫而辉煌的传奇故事

Chopard
奢华的象征

HARRY WINSTON
明星的珠宝王国

MONTBLANC
与珠宝的不解之缘

Tiffany
伟大的传承

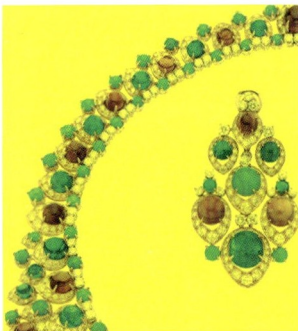

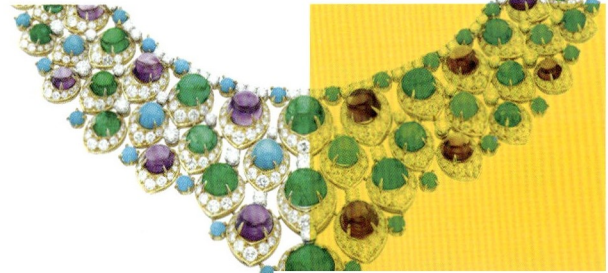

图书在版编目（CIP）数据

传世珠宝：璀璨与雍容 / 孙佳辉，吕芳编著 . —北京：中国社会科学出版社，2011.12

ISBN 978-7-5161-0005-9

Ⅰ.①传… Ⅱ.①孙…②吕… Ⅲ.①宝石—图集 Ⅳ.① P578-64

中国版本图书馆 CIP 数据核字（2011）第 171086 号

出版策划 任　明
责任编辑 高　涵
责任校对 王兰馨
封面设计 郭蕾蕾
技术编辑 李　建

出版发行 中国社会科学出版社

社　　址　北京鼓楼西大街甲 158 号　　　　邮　编　100720
电　　话　010 — 84029450(邮购)
网　　址　http://www.csspw.cn
经　　销　新华书店
印　　刷　北京君升印刷有限公司　　　　　装　订　广增装订厂
版　　次　2011 年 12 月第 1 版　　　　　　印　次　2011 年 12 月第 1 次印刷
开　　本　710×1000　1/16
印　　张　18.5　　　　　　　　　　　　　插　页　2
字　　数　317 千字
定　　价　60.00 元

●●● 序

　　人类文明虽有几千年的历史，但人们发现和初步认识钻石却只有几百年，而真正揭开钻石内部奥秘的时间则更短。在此之前，伴随它的只是神话般具有宗教色彩的传说，同时把它视为勇敢、权力、地位和尊贵的象征。如今，钻石不再神秘莫测，更不是只有皇室贵族才能享用的珍品。它已成为普通人可拥有、佩戴的宝石。今天人们更多地把它看成是爱情和忠贞的象征。

　　当然，珠宝的含义并非只有钻石，它还包括珍珠、刚玉、水晶、绿柱石、石榴石等。

　　珠宝所带给你的远远不止于文字那么简单。无论是平凡无奇的小人物，还是星光熠熠的大明星，或是身世显赫的王宫贵胄，相信没有任何一个人可以拒绝珠宝的魔力。而隐藏在珠宝背后的故事，你又知道多少呢？

　　翻开这本珠宝的秘密，你便进入了一个全新的珠宝世界。这里虽然没有店铺里陈列的琳琅珠宝，但是却有你不知道的珠宝的秘密。百余年的历史，世界顶级珠宝商们是如何将一款款璞玉，打造成举世无双的珍贵宝石；明星们为何偏爱珠宝商们独一无二的设计；王室贵族又是如果打造皇冠、配饰……所有这些，相信是每一个珠宝爱好者想要探寻的秘密所在。

　　每一个珠宝品牌都具有十分传奇的经历。或者经过近几个世纪的坎坷变迁，或者只在数十年的时间里异军突起。每一段经历都蕴含了十分曲折的故事。设计师、珠宝匠们更是将几个世纪的心力全都灌注于他们的每一件作品之中，从而为世人展示了一件又一件不凡的珠宝。其实，他们所展示的并非珠宝本身，更是品牌所蕴含的深刻精神以及品牌的非凡经历。

　　通过这本书，每一个人都会了解到更多关于珠宝的故事。

目　录 ●●●

宝格丽（BVLGARI）：璀璨历史的回眸

20世纪20年代的宝格丽罗马店外景

大理石外墙上开出了巨大通透的橱窗，这些橱窗在1999年的重新营业时又进行了扩大

导语

　　自从索帝里欧·宝格丽在 1884 年开设第一家店起，便标志着他为宝格丽这个超越百年的品牌翻开了历史性篇章。从此宝格丽家族凭借对珠宝艺术的执著追求和在奢侈品领域的不断探索，使宝格丽不但成为意大利的珠宝世家，更成为世界瞩目的瑰宝品牌。适逢 2009 年庆祝宝格丽品牌创立 125 周年之际，宝格丽参与到救助儿童会所发起的大型儿童教育公益项目"改写未来"活动中来，提供鼎力支持，为救助儿童作出自己的一份贡献。

20世纪60年代的宝格丽罗马店外景

现在宝格丽罗马店外景

弗朗西斯科·特拉帕尼（Francesco Trapani）是宝格丽集团首席执行官

创始人——索帝里欧·宝格丽先生（Sotirio Bulgari）

保罗·宝格丽是宝格丽集团董事长

宝格丽家族成员合影

1966年，伊丽莎白·泰勒获得第40届奥斯卡金像奖时佩戴了宝格丽铂金镶钻祖母绿珠宝首饰，其中项链为理查德·伯顿所赠

缘起

宝格丽品牌创始人索帝里欧·宝格丽出身希腊银匠世家，是制作珍贵银器的专家。

一个多世纪前，银匠身份的索帝里欧·宝格丽从希腊爱彼罗斯（Epirus）区，举家移民到意大利罗马，在缤乔（Pincio）的法兰西学院（French

顶级珠宝系列白金项链

60年代，索菲娅·罗兰佩戴了极富宝格丽特色的鹅蛋形蓝宝石、红宝石项链及戒指

顶级珠宝系列黄金项链

Academy）门前售卖他所制造的银器。

索帝里欧凭借其产品独特的装饰设计风格，终于在 1884 年开设了第一家店铺。几经迁徙，1905 年将店迁移到至今仍作为宝格丽罗马旗舰店的罗马康多堤大道（ Via dei Condotti)10 号，并借用英国文豪狄更斯一本小说的书名，将店取名为老古玩店（ Old Curiosity Shop)。在这期间，索帝里欧考量每位顾客对饰品的不同需求，开始增加珠宝及配饰品的数量和款式，以满足客人多样的选择。索帝里欧曾经尝试增开分店，但后来发现，若要在珠宝艺术和银饰制造上保持精进，必须将分散各地的事业集中在一个地方发展。因此，他最终选择专注于罗马的店铺。

第二次世界大战结束后，正是宝格丽风格史上的重大转折点。到

顶级珠宝系列白金项链

顶级珠宝系列白金玉铂金项链

了 20 世纪五六十年代，宝格丽创新大气的风格已成功虏获众多富豪名流与电影巨星的心。

20 世纪初的数十年对于索帝里欧的儿子们而言，是一个关键时期。索帝里欧的两个儿子深深为宝石、珠宝和腕表的魅力所吸引，乔吉奥·宝格丽（Giorgio Bulgari）和坦提诺·宝格丽（Costantino Bulgari）在这段期间培养出对于宝石和珠宝的热忱，且传承了家族的衣钵。1934 年，康多担的店面重新翻修、扩大营业范畴后重新开张，并获得广泛好评。第二次世界大战是宝格丽历史上的一个重要转折点。正是在此期间，宝格丽的设计开始跳脱法国学院派严谨的规范，融合希腊和罗马古典主义的精髓，又加入意大利文艺复兴时期和 19 世纪罗马金匠学派的形式，渐渐形成宝格丽独有的风格。

历程

　　宝格丽集团在全球约有4000名员工：意大利占28%，其他欧洲国家占26%，日本占14%，南太平洋占11%，中国占4%，美国占16%。在所有员工中，64%为女性，36%为男性。平均年龄为37岁。21%的员工是经理和高级专业人士，其中58%为女性。宝格丽集团使用英语作为官方语言，所有员工来自55个不同的国家和地区，并在243个不同的专业岗位上施展着自己的才能。

　　1970年是宝格丽集团国际化进程的起点，随着品牌知名度在全球各地迅速蹿升，宝格丽进入拓展国际版图的第一阶段，在纽约、日内瓦、蒙特卡洛、巴黎等地陆续开设精品店。

　　宝格丽制表公司（Bulgari Time）于20世纪80年代在瑞士纳沙泰尔（Neuchatel）成立，负责设计和生产宝格丽的所有表款，标志着宝格丽在奢侈品领域多元化拓展的开始。1977年，宝格丽推出腕

顶级珠宝系列白金玉黄金项链

顶级珠宝系列黄金戒指

顶级珠宝系列黄金手链

古董典藏系列珠宝，18K黄金螺旋
手镯，创作于1975年

古董典藏系列珠宝，18K金项圈，镶嵌
祖母绿及钻石，创作于1989年

表系列，随即风行全球，成为永恒经典之作。1984 年，乔吉奥的儿子保罗和尼可拉分别担任公司的总裁和副总裁，他的侄子弗朗西斯科·特拉帕尼担任公司首席执行官。继 20 世纪 80 年代的快速发展之后，宝格丽在 90 年代初开始采取多元化经营策略，1992 年推出第一款香水——宝格丽绿茶香水，不久又相继推出 10 款香水，每款香水都备受好评。次年，宝格丽在瑞士纳沙泰尔成立了宝格丽香水公司，专门负责开发生产奢华迷人的香水系列产品。

古董典藏系列珠宝，18K黄金
蛇形手镯，创作于1965年

古董典藏系列珠宝，18K金
镶钻手链，创作于1955年

古董典藏系列珠宝，18K双色金六圈
螺旋项圈，创作于1970年

古董典藏系列珠宝，铂金镶钻手链，
创作于1925年

古董典藏系列珠宝，18K黄金双夹胸针，
镶嵌蓝宝石及钻石，创作于1940年

古董典藏系列珠宝，红宝石及
钻石手链，创作于1950年

古董典藏系列珠宝，白金耳环，创作于1955年

经典珠宝代表作品，Allegra系列

古董典藏系列珠宝，钻石及蓝宝石
胸针，创作于1938年

经典珠宝代表作品布·苏洛1号
（B.zero1）系列

古董典藏系列珠宝，装饰派艺术风格的
铂金钻石胸针，创作于1935年

古董典藏系列珠宝，钻石及
红宝石胸针，创作于1930年

20 世纪 90 年代是宝格丽的另一转折点。宝格丽继续推行其多元化经营策略：香水，配饰（如丝巾、领带）等产品相继上市；其控股公司宝格丽股份有限公司（Bulgari S.P.A.）在米兰证券交易市场挂牌上市后不久，又在伦

古董典藏系列珠宝，黄金项链及与之相配的耳环，创作于1965年

敦股票交易所的 IRS 板交易。1996 年，宝格丽推出第一个纺织品系列，产品包括丝质围巾以及用顶级布料制成的时尚配饰。次年，宝格丽再向前迈进一步，推出皮具和眼镜系列，使得宝格丽当代配饰系列更趋完备。宝格丽从2000 年开始积极推动垂直整合计划，收购了顶尖制表厂丹尼路斯（Daniel

Roth）和简达表（Gérald Genta）。2001 年，宝格丽与玛丽奥特国际酒店
（Mariott International）合资，宣布成立宝格丽酒店和度假村（Bulgari Hotels
& Resorts）。2002 年，宝格丽取得了顶级珠宝品牌克罗瓦（Crova）50％的

古董典藏系列珠宝，金质项链，镶嵌紫水晶、红宝石、钻石及海宝蓝宝石，创作于1989年

古董典藏系列珠宝，金质项链，镶嵌钻石及古币，创作于1973年

古董典藏系列珠宝，金质项链，创作于1967—1968年

经典珠宝代表作品，Monologo戒指

股份，随后于2004年取得了其全部股份。2004年，第一家宝格丽酒店在米兰开业，象征意大利珠宝商宝格丽向奢华世界所致上的敬意。宝格丽酒店坐落于米兰最时尚的地段：拿破仑山大道（Via Montenapoleone）、史皮卡大道（Via della Spiga）、斯卡拉（Scala）戏院和布雷拉美术学院。

　　2005年，宝格丽集团又连续收购了另外3家公司，包括两家瑞士制表公司：专门为顶级腕表制造表盘的长德伦斯设计公司（Cadrans Design）以及专门制造金属表带的普拉斯特吉公司（Prestige d'Or）。同年，宝格丽取得了意大利皮具公司帕西尼（Pacini）的全部股份，并将其更名为宝格丽配件有限公司（Bulgari Accessori S.r.l）。由于配饰系列的成功，宝格丽在大阪和东京特地开设配饰专卖店，次年又相继在首尔、米兰、佛罗伦萨开设专卖店。2006 年 10 月，宝格丽酒店和度假村在巴厘岛设立了精品度假村。度假村包含 59 幢别墅，将巴厘岛的传统文化融入到当代的空间设计之中，同时传达了宝格丽的意大利时尚品位。2007 年对宝格丽而言是非常重要的一年。纽约第五大道的宝格丽精品店经过装修扩建后重新开业。坐落于日本东京宝格丽银座大厦（Bulgari Ginza Tower）11 楼、全球最大的宝格丽精品店隆重开业，东京表参道上的宝格丽双子精品店也全新开业。此外，宝格丽配饰专卖店也在罗马康多堤大道开幕并收购了另外两家瑞士腕表生产公司：专门为顶级腕表制造精致表壳的 Finger S.A. 公司以及专门生产制表机具的雷绍特（Leschot）。

宝格丽在腕表领域推动垂直整合的努力取得了丰硕成果，已经具备了独立设计、制造、组装机芯的能力，创下历史首例。宝格丽酒店及度假村在东

经典珠宝代表作品Parentesi系列

古董典藏系列珠宝，黄金项链，创作于1970年

京开设了两家餐馆。同年秋天，全新女士护肤品系列在意大利推出。2008 年同样是扩展版图的一年：欧洲最大的宝格丽精品店在巴黎乔治五世大道开业，全新的双子精品店也在多哈、亚特兰大、墨尔本相继开业。在产品方面，除了各个产品类别皆有新系列推出之外，护肤品系列也在世界各国上架销售。

2009 年，宝格丽集团推出索帝里欧·宝格丽系列陀飞轮万年历腕表，这是宝格丽独立制造的第一只腕表，其机芯和零件全部由宝格丽自行生产组装。BVL 465 机芯完全由宝格丽独立研发，具备透明自动陀飞轮与万年历功能，搭载创新的双同轴逆跳指针显示功能。同时，宝格丽庆祝成立 125 周年。为了展示品牌的辉煌历史并帮助弱势人群展望新未来，宝格丽宣布支持救助儿童会的"改写未来"活动，筹募善款，维护儿童权益，为世界贡献一份力量。

21 世纪初，宝格丽一

经典珠宝代表作品Lucea系列

如既往，为人们的生活增添更多美丽。在此引述尼可拉·宝格丽所说的一段话："一个人如果只活在过去的辉煌中是非常愚蠢的，要想取得成功，他／她必须了解和把握过去、现在和未来，这才是挑战，而地平线并非只有一条。"

今天的宝格丽

今天的宝格丽致力于卓越大胆且现代的设计风格，其顶级的品质和独特的设计款式，一直为世界各地的顾客所欣赏。高贵与卓越品质是宝格丽企业文化的基石。宝格丽的经营理念反映了相同的承诺，目标在于获得最高的顾客满意度。宝格丽的作品以大气、细致、风格独特而广受世人喜爱。宝格丽注重细节，追求品质与创新，创造出永恒的优雅之美。卓越一词对于宝格丽而言，意味着顶级产品品质和最佳服务的完美结合。

宝格丽的每一件产品——无论是珠宝、腕表、香水还是配饰——均经过严格的检测，确保恪守宝格丽工艺传统的标准，并完美体现设计师的细腻和创意。宝格丽珠宝首先以水彩画或树胶水彩画抒写创意，然后由工艺师倾注自己的全部手工技能和专业经验，制作出线条柔和流畅的精美首饰，尽显完美的珠宝品质。

早在设计伊始，设计和制作人员就细心揣摩设计创想，精心选择最能展现产品华美的色彩，保证出色的佩戴舒适性，同时秉承宝格丽的传统和风格。此外，宝格丽腕表将优雅的设计与精密的机械构造完美融合在一起，遵照最严格的瑞士标准制造和测试，成就无可比拟的产品品质。

为维持宝格丽一贯对细节的高品质要求，香水与护肤品均严格选取原材料和有效成分。丝巾、领带和皮具配饰采用独特材料，运用最精致的工艺手工制作而成。宝格丽对于品质的坚持同样反映在客户服务上。自 1990 年起，宝格丽便推行卓越计划，用以培训员工，将宝格丽在罗马多康担大道创设以来实践了一个多世纪的卓越理念落实在全球每一家宝格丽精品店中。

宝格丽承诺每一件产品都具备最高的品质，严格控制和管理从研发到成品的整个生产制造过程。为实现这一目标，公司于 2002 年收购了意大利顶级的珠宝制造商卡罗瓦（Crova）与罗马一家历史悠久的顶级珠宝实验室。

在腕表方面，自从 20 世纪 70 年代末宝格丽腕表系列风靡全球之后，宝格丽便希望完全掌控腕表的设计和制造，因而公司于 1982 年在瑞士成立了宝格丽钟表公司。之后，宝格丽各腕表系列广受好评，促使宝格丽集团不惜耗费巨资进行垂直整合，旨在攻占顶级腕表市场，成为全球屈指可数的垂直整合腕表品牌，从而延续宝格丽的卓越传统。

宝格丽与冲突钻石

宝格丽集团十分重视冲突钻石[①]的问题，并积极与供应商合作，避免购买冲突钻石。宝格丽只购买加工过的钻石，并严格挑选可靠的钻石供应商，进行长期合作。宝格丽几乎从来不做一次性的钻石购买交易，这种精挑细选的采购方式让我们得以控制钻石来源。宝格丽合作的钻石供应商隶属的国家均遵循金伯利进程。所有宝格丽供应商都是遵循自律体系的贸易协会的会员，该体系旨在阻止冲突钻石交易。宝格丽已通知所有供应商，2003 年 1 月 1 日后加工的一切钻石都必须提供保证书，证明所提供的不是冲突钻石。宝格丽集团会将每份钻石保证书保存 5 年。

宝格丽从 2004 年开始审核其保证书记录。同年，宝格丽与利维斯伟（Leviev）集团达成合资协议。利维斯伟集团是世界上最大的钻石生产商之一，供应已加工钻石。宝格丽集团已通过旗下子公司宝格丽美国公司（Bulgari Corporation of America）加入美国珠宝商协会（Jewellers of America）。该协会总部设在美国，对于遏制冲突钻石交易不遗余力。从 2004 年 7 月开始，宝格丽对所有员工开设了标准培训课程，使员工了解冲突钻石问题和金伯利进程。

代表作品

历经时间的洗练却仍旧保持精彩演绎的宝格丽珠宝，其成功基本源于这样的理念：品牌风格的演进必须随时间、品位和习惯的改变而改变。宝格丽之所以能均衡融合古典与现代的特色，是因为她持续地创新设计风格与对新

---

① 冲突钻石也称血腥钻石或战争钻石，是一种开采在战争区域，并销往市场的钻石。依照联合国的定义，冲突钻石被界定为产自获得国际普遍承认的，同具有合法性的政府对立方出产的钻石。由于销售钻石得到的高额利润和资金会被投入反政府或违背安理会精神的武装冲突中，故而得名。

鲜素材的发掘，特别是对色彩的搭配的注重，以及对宝石体积、线性与对称性的偏好，善于展现艺术与结构细节是百年来宝格丽作品所传承的经典特色。

	宝格丽典藏古董系列（Vintage Collection）作品创作于20世纪20—90年代，每一件典藏系列中的古董珠宝都是独一无二的创作，她们娓娓诉说着宝格丽从创始之初经过百年来的风格演变，也是意大利珠宝史中不可或缺的珍贵素材
	宝格丽顶级珠宝系列（High Jewelry Collection）作为特殊系列，其作品均根据专为稀世珍贵的宝石所特别设计的图纸而精心制作，且独一无二。宝格丽顶级珠宝系列展现了历经百年沉淀后的意大利珠宝制作艺术精髓以及品牌对美感、形状与珍贵材质运用的独特品位，极具有保值及收藏价值。目前这个系列包含1600多件作品，在全球各地最为重要的宝格丽精品店内巡回展出
	宝格丽布·苏洛1号（B.zero1）系列的推出代表着宝格丽将现代创新与经典传统的完美融合。布·苏洛1号意为"开始"和"结束"两个极端，也表达了"过去"与"现在"的超现实主义情结，此系列从诞生至今都属宝格丽最受欢迎的珠宝系列，经久不衰
	宝格丽Bulgari系列设计以古罗马铭文为灵感来源，并强调了宝格丽传统与品牌个性的独特图案元素。这个双标识造型蕴含强大的视觉效果，并成为宝格丽作品中最为常用的形象之一。包含在此系列中的Monologo戒指更将文字和美学元素完美结合，再次显示了宝格丽的历史和传承
	宝格丽Parentesi系列是宝格丽第一个运用模块化设计的珠宝系列，其灵感来自于罗马的铺路石及其相互交错的拼接碶口，保留着真正历史符号的最终特点，为崭新的珠宝系列注入了鲜活的生命力

宝格丽当代珠宝演绎

	宝格丽星状（Astrale）系列以同心圆为设计基础，大胆采用钻石、白金、黄金材质以及彩色宝石组合变换，作品效果如万花筒般将闪烁明亮与和谐外形融为一体，其灵感表达了现代怀旧风潮
	宝格丽蓝宝石花（Sapphire Flower）系列以自然界花朵造型和彩色蓝宝石材质为灵感，表达花与爱恋独特与永恒的气质。凭借宝格丽在彩色宝石设计领域的丰富经验以及在高档珠宝行业的百年悠久历史，创作出充满自然界灵动花卉特点的彩色蓝宝石珠宝作品
	宝格丽椭圆形（Elisia）系列将古罗马建筑中的完美椭圆和宝石瑰丽的色彩迸发融为一体，系列中大量运用工艺要求极高的鹅蛋形和多面切割，来营造出曲线柔和丰富的珠宝造型，突出彩色效果以及几何比例。同时还以白金和黄金搭配珐琅、珊瑚、珍珠母贝以及各类彩色宝石和钻石配搭款式。椭圆形系列更将钻石的璀璨完美表达

后记

　　每一件宝格丽珠宝都是独特传统和卓越品质的体现。大胆独特的风格，融合尊贵古典和现代时尚气息，耀眼夺目。宝格丽珠宝所采用的每一颗宝石均为精挑细选而来，设计师从中获得设计灵感，画出草图，最后再经由专业名匠的卓绝巧手，创造出一件件令人叹为观止的传世珍品。

宝格丽品牌大事记

1857 年，索帝里欧·宝格丽出生于希腊，后来成为银匠。
1881 年，索帝里欧迁往罗马，开始在缤乔的法兰西学院门前售卖银器。
1884 年，索帝里欧在西斯蒂纳大街 85 号开设第一家店铺。

1894 年，宝格丽营业地址迁移到康多堤大道 28 号的店铺。

1905 年，宝格丽位居罗马康多堤大道 10 号的精品店正式开幕，并在日后成为宝格丽具有历史意义的旗舰店。

1960 年，宝格丽渐渐形成独有的风格。除了极为珍贵且价值非凡的顶级珠宝系列（Bulgari High Jewelry Collection）之外，宝格丽数十年来，也成功地推出了许多不同的珠宝系列。

1970—1979 年，宝格丽在纽约、日内瓦、蒙特卡罗及巴黎的精品店相继开幕。这些举动显示宝格丽集团开始拓展国际市场。

1984 年，乔吉奥（Giorgio）的儿子保罗·宝格丽、尼可拉·宝格丽分别担任公司的总裁和副总裁。他的侄子弗朗西斯科·特拉帕尼（Francesco Trapani）被任命为公司首席执行官。

1992 年，宝格丽在全球首度推出其第一款香水系列"Eau Parfumee au the Vert"（绿茶香水）。这是宝格丽多元化经营策略的第一步。

1995 年 7 月 17 日，宝格丽股份有限公司在米兰证券交易市场挂牌上市，目前还在伦敦股票交易所 IRS 板交易。

2007 年，宝格丽纽约第五大道旗舰店重新开业，成为宝格丽在美国规模最大的精品专卖店。

10 月，位于罗马康多堤大道的宝格丽在意大利第 3 家专营配饰产品的配饰精品店全新开幕。

11 月，日本东京宝格丽银座旗舰店开幕，零售面积为 940 平方米，包含餐厅和酒吧。

2008 年 9 月，巴黎乔治五世大道旗舰店隆重开业。该店为宝格丽在巴黎开设的第四家精品店。两层楼共 1500 平方米的零售空间也使其成为欧洲最大的宝格丽精品店。

2009 年，宝格丽品牌创立 125 周年（1884—2009），参与救助儿童会所发起的大型儿童教育公益项目"改写未来"慈善活动。

BVLGARI宝格丽珠宝大事记

典藏古董系列作品分别创作于 20 世纪 20—90 年代，每一件典藏古董系列珠宝都是独一无二的创作，并且是意大利珠宝史的珍贵素材。

20 世纪 70 年代，灵感来自于罗马的铺路石及其相互交错的拼接碑口的 Parentesi 珠宝系列诞生，是宝格丽第一个运用模块化设计的珠宝造型。

1995 年，以古罗马铭文为灵感来源的宝格丽珠宝款式推出，强大视觉效果的双标识铭刻，成为宝格丽作品中最为常用的形象之一。

1999 年，代表宝格丽现代款珠宝作品布·苏洛 1 号（B.zero1）诞生，此系列表达了开始和结束两个极端，也代表了过去与现在。至今仍属宝格丽最受欢迎的珠宝之一，经久不衰。

2003 年，以同心圆为设计基础的星状珠宝推出，此系列珠宝充分采用钻石、白金、黄金等材质。

2004 年，令星状系列更为丰富的彩色星（Astrale Color）彩宝款推出，通过大胆运用强烈对色的宝石搭配，将高贵与灵动和谐地融为一体。

2005 年，蓝宝石花珠宝系列是将花朵造型与彩色蓝宝石完美结合，表达着独特与永恒优雅。

2006 年，宝格丽 Parentesi 系列诞生，宝格丽重新发掘这一深具现代感的设计造型，是一次对设计风格的革命，大胆强调和突出了标志性的元素，营造出前卫且不失优雅的艺术效果。

Lucea 珍珠首饰推出，将各类大溪地与欧长娅珍珠结合密镶钻的方形和圆形白金细节，构成奢华珍珠珠宝系列。

2007 年，椭圆形珠宝系列诞生，椭圆形造型设计搭配运用鹅蛋形和多面切割彩色宝石，来营造出曲线柔和、色彩丰富的珠宝款式，展现佩戴者无限妩媚。

2008 年,在布·苏洛 1 号经典造型基础上更添加彩色宝石点缀,彩色布·苏洛彩宝款式通过俏皮风雅的彩宝装饰，令经典的布·苏洛 1 号珠宝系列更加丰富且充满趣味。

2009 年，推出宝格丽扩展新款玫瑰金珠宝反映了当前的时尚趋势，同时进一步丰富了宝格丽珠宝系列。系列中新款盾牌造型戒指柔和的形状优美地贴合于手指的曲线，令佩戴舒适而充满乐趣。

2009 年，Parentesi 系列彩宝款鸡尾酒系列诞生。

卡地亚（CARTIER）：辉煌的传奇故事

1颗重8.65克拉的水滴型黄色钻石缓缓垂落，沉静如水，如月光般的色彩宛若宁静的河水流淌在色调和谐、浑然天成的珍品中，闪耀动人光芒

感性、华贵，散发着浓郁的东方情结，色泽丰润的宝石丰富抢眼，线条却简洁利落，传统而又显现代奢华，珍贵的粉色蓝宝石更显女性柔美气质。华贵而不厚重的珠帘款式浓缩着时代交错的经典之美

114颗重126.05克拉的祖母绿串珠，手链接口处由铂金龙头锁扣，两颗梨形切割祖母绿龙眼栩栩如生地与祖母绿串珠龙身辉映，1颗蓝宝石与龙嘴接口，显其典雅高贵

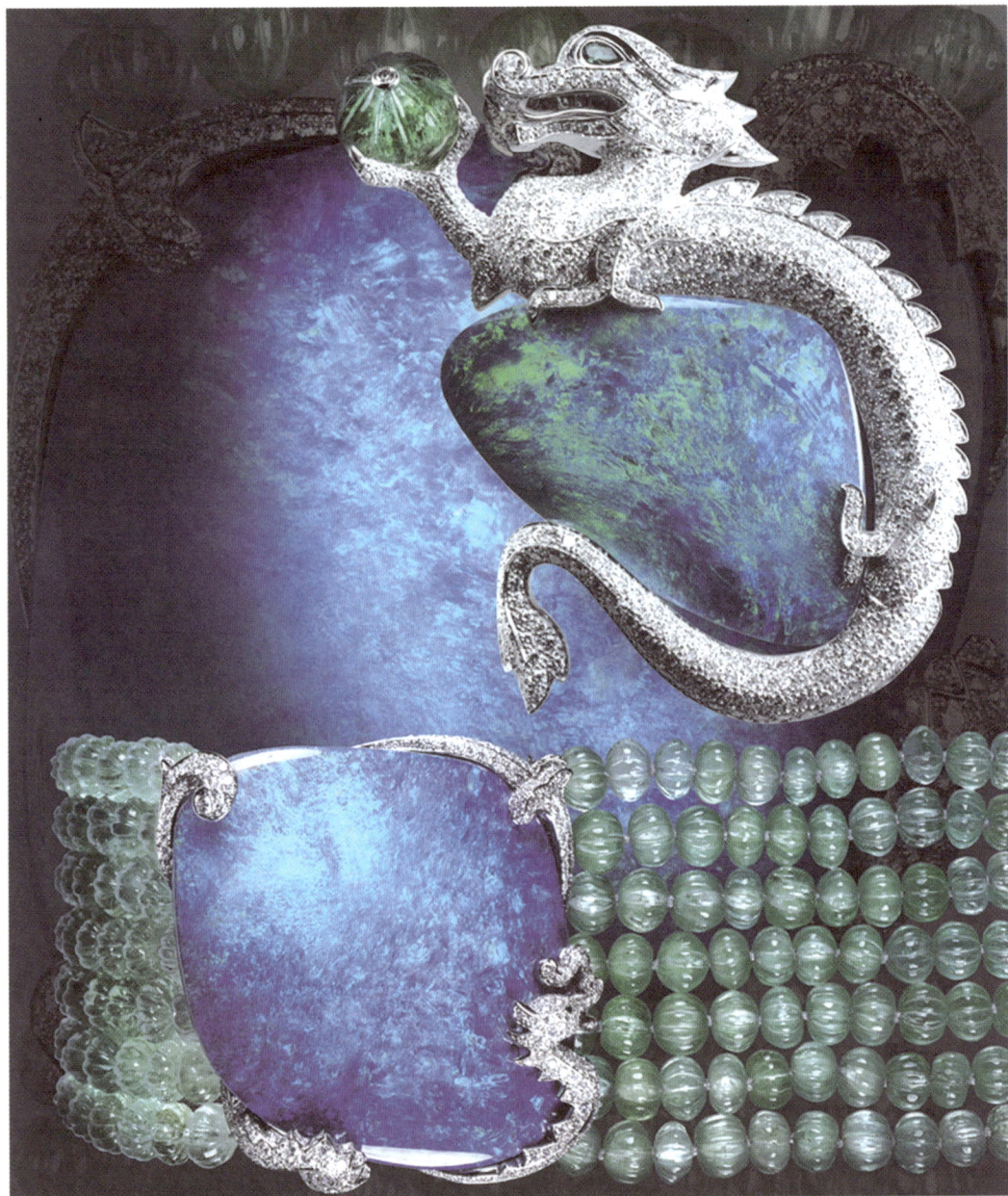

东方的灵感元素，龙代表着至高无上的尊崇地位。栩栩如生的龙形胸针，龙身怀抱着
1颗总重37.07克拉的珍贵蛋白石，其色泽似孔雀羽毛般深浓，绚丽的光芒多彩丰富

导语

回顾卡地亚的历史，就是回顾现代珠宝百年变迁的历史。在卡地亚的发展历程中，一直与各国的皇室贵族和社会名流保持着息息相关的联系和紧密的交往，并已成为全球时尚人士的奢华梦想。百年以来，被美誉为"皇帝的珠宝商，珠宝商的皇帝"的卡地亚仍然以其非凡的创意和完美的工艺为人类创制出许多精美绝伦、无可比拟的旷世杰作。

一个传奇的开始

卡地亚的传奇故事开始于 1847 年。29 岁的路易斯·弗朗索瓦·卡地亚（Louis-Francois Cartier）从师傅阿道夫·皮卡尔（Adolphe Picard）那里接手了位于巴黎蒙特吉尔大街（rue Montorgueil）31号的珠宝店。在此之前，1846 年路易斯·弗朗索瓦·卡地亚已用自己名字的

喀迈拉是希腊神话里拥有神奇吐火功力的女兽，卡地亚将古老神话里的角色完美演绎在当代高级珠宝艺术珍品中

摩纳哥的格蕾丝王妃（Princess Grace of Monaco）在官方公布的照片上佩戴着由铂金、红宝石和钻石镶嵌而成的玛蒂尔德卡地亚项链和皇冠

缩写字母 L 和 C 环绕成心形组成的一个菱形标志，注册了卡地亚公司，这意味着卡地亚的正式诞生，这颗心形的标志象征着一个传奇爱情故事和奢华王国的开始。

当时的法国正处于拿破仑三世的统治之下。在经历了一阵骚乱之后，巴黎又恢复了它往日的浮华气象，庆典和舞会成为日常社交活动。第二帝国的辉煌极大地推动了卡地亚公司的经营和发展。由于赢得了拿破仑年轻的堂妹——玛蒂尔德（Mathilde）公主的青睐，卡地亚的业务迅速地兴隆起来，风靡了当时的巴黎皇室及贵族。1859 年，卡地亚又迁址到巴黎最时尚的中心地区意大利大街（Boulevard des Italiens）9 号。同年，欧仁妮皇后从卡地亚订购了一套银质茶具；比利时伊丽莎白皇后也有卡地亚为她订制的

宝石镶嵌，考验着工匠的手力和眼力

冰雕般晶莹剔透、光亮通明的胸针

冠冕。1860 年，俄罗斯的苏蒂可夫（Saltikov）王子成为卡地亚的客户。1888 年，卡地亚创制了第一款珠宝腕表。

卡地亚希望他的事业能在家族中代代相传，于是将手艺传授给长子路易斯·弗朗索瓦·阿尔佛雷德（Louis-Francois Alfred）。卡地亚与儿子合作，以合伙人的身份共同经营公司，并于 1874 年最终将管理权交给他。之后，阿尔佛雷德也于 1898 年与他的儿子以合伙人的方式延续卡地亚公司。

1899 年，卡地亚迈出重要的一步，将店铺迁至巴黎的高级商品中心和平街（Rue de la Paix）13 号，百年老店装潢风格典雅而豪华，直到 20 世纪的今天，卡地亚未曾迁址。1917 年，为换取一条卡地亚珍珠项链给妻子作礼物，美国大亨普兰特将其位于纽约第五大道黄金地段的一幢大楼转让给了卡地亚。从此卡地亚精品店位于纽约市中心，之后纽约市政府还将店址所在街口命名为"卡地亚广场"。

　　为了实现理想中的事业，阿尔佛雷德将卡地亚的国际管理权委托给了他的三个儿子。大儿子路易斯·约瑟夫（Louis Joseph）负责卡地亚巴黎和平街的店铺。二儿子雅克·忒阿杜勒（Jacques-Theodule）前往伦敦的柏林顿（Burlington）大街开店，并负责伦敦的业务。同时小儿子皮埃尔·卡米耶（Pierre-Camille）则前往纽约开店，开发美国的业务。

　　经过两代传人的不懈努力，卡地亚逐渐发展成为世界上最受推崇的腕表珠宝商，深受欧洲皇室的推崇。英国王储威尔士亲王将卡地亚赞誉为是"皇帝的珠宝商，珠宝商的皇帝"。1902 年，威尔士亲王特地从卡地亚订购了 27 个冕状头饰，并在他被加冕为爱德华七世的典礼上佩戴。两年后，1904 年

成型的珠宝精美绝伦

爱德华七世赐予了卡地亚皇家委任状。此后，卡地亚又陆续收到西班牙、葡萄牙、俄罗斯、暹罗、希腊、塞尔维亚、比利时、罗马尼亚、埃及和阿尔巴尼亚等国王室及奥尔良公爵(House of Orleans)和摩纳哥公国的委任状。

1910 年，卡地亚为比利时伊丽莎白女皇二世设计了一款以涡形造型和皇家桂冠为主题图案的冠冕。作为世界上第一个用铂金搭配钻石的珠宝商，将这些象征性的图案表现得出神入化，非常轻盈而又极具女性化的装饰特色，并且充分显现出宝石质地的璀璨。卡地亚为欧洲皇室订制的诸款冠冕，均完美展现了卡地亚极致精湛的珠宝工艺。因此，卡地亚受到欧洲皇室的青睐，成为毋庸置疑的"皇帝的珠宝商"。

高级珠宝系列

高级珠宝系列

高级珠宝系列

捕捉灵感的环球之旅

卡地亚从不满足现状，在品牌的发展过程中不断创新。尽管当时来自世界各地的客户都争先恐后地从卡地亚订购珠宝配饰，但卡地亚并不为此而感到满足。于是他们带着一箱箱的珠宝亲赴全球各地，经常进行相当冒险的旅行，去追求更多的创新，寻找新灵感源泉。

1910 年，皮埃尔在纽约将一枚极为罕见的重达 44.50 克拉、名为"希望"的蓝色巨钻卖给了麦克林夫人。皮埃尔因此赢得了许多来自美国的客户，与美国金融界和工商业界客户的联系也越来越紧密，当时向他订购珠宝的著名客户包括：洛克菲勒家族、范德比尔特家族、古尔德家族和福特家族。同时期，卡地亚"双 C"标志问世。常驻伦敦的雅克从伦敦来到波斯湾寻找完美无瑕的珍珠。之后，他还前往印度，并成功地让当地的一些王公世族采纳了卡地亚伦敦工作室的设计，将他们喜爱的多色珠宝重新设计修饰镶在铂金上。雅克还与皮埃尔一道从波斯王室购进了大量的上等珍珠。在巴黎，路易斯吸引了一批俄国的贵族顾客，并在圣彼得堡举办了多次的参观和展示。他革命性地采用了铂金，并将路易十六的花环（Garland）风格提升到了无与伦比的完美境界。

从 20 世纪初开始，路易斯把来自埃及、波斯、远东和俄罗斯芭蕾（the Ballets russes）的一些设计灵感和风格融入更富几何图案和抽象性的设计中。1906 年，他们开始把浓郁的色彩和一些崭新的材料，如缟玛瑙、珊瑚等运用到设计中，形成了一种新的艺术风格。这种风格在 1925 年巴黎举办的国际现代装饰及工艺艺术展览之后，被誉为"装饰艺术"（Art Deco），从此而闻名于世，并引领当代艺术及时尚的潮流。

路易斯是个极富创造性的天才，鉴赏品位极高，而又具有出色的商业头脑。他对奢华的装饰品和钟表具有浓厚的兴趣，尤其是对钟表，他曾多次推出精密的技术革新。特别是著名的"魅幻时钟"，还申请了专利保护。在这两个领域内，充分地展现出他作为珠宝商的才能。

汇聚天才设计师

在路易斯的周围聚集了一批非常有才华的设计师，如查尔斯·雅科（Charles Jasqueau）；顶尖工匠，如制表匠莫里斯·库埃（Maurice Couet）以及埃德蒙·耶热（Edmond Jaeger）。他还将一批志同道合、富于献身精神的同仁招至麾下，而其中最值得一提的是让娜·图桑女士，一位技艺高超、个性鲜明如猎豹般的设计师。

高级珠宝系列

可可·夏奈尔（Coco Chanel）的好友设计师让娜·图桑女士在1920—1970年担任卡地亚的艺术总监。随着让娜·图桑女士的进入，卡地亚的设计开始改变。她感觉艺术设计应该回归自然，便开始从大自然的动植物界寻找灵感，比如动物、花卉。其中最著名的当数猎豹这一设计，名扬四海。她引

入的具象不仅对卡地亚，更是对整个珠宝业的改进。

在此期间，让娜·图桑为当代时尚名人，包括芭芭拉·哈顿（Barbara Hutton）、温沙公爵夫人等客户制作了非凡而独特的珠宝套件，其中包括温莎公爵夫人著名的蓝宝石豹形胸针，这也成为后来温莎公爵夫人的个人象征。

珠宝——奢华中创新

纵观卡地亚的百年发展史，几个含义类似的词总是频频出现：创新、革新、先锋、先驱、潮流制造者……这些词所体现出的精神，和"经典"一样，已成为卡地亚不可磨灭的烙印。而这位先行者在攀登过一座座高峰之后，并未有任何懈怠，仍在突破自我的创新之路上领航前行。

为逼真地体现珠宝造型细节，设计师会先用绿色蜡雕制作每个部分的模型

卡地亚珠宝自 1847 年以来，经历了长久的历史变革，在不同的时期，演变出一系列的艺术风格。在 19 世纪末期革命性地引入铂金，将其用于钻石镶嵌底座，打造出精美绝伦的花环风格（Garland style）作品，树立了珠宝发展史上的里程碑。20 世纪初，预言未来会是几何

线条构筑的世界，并身体力行作出突破，成为最早期"装饰艺术风格"的主要倡导者，最终激发了艺术、建筑、家居等各个领域的装饰艺术风潮，使其成为无可抗拒的时尚潮流。各种各样动物、植物主题珠宝，造型活泼大胆，栩栩如生，把战后的自然风格推向了顶峰。

豹系列（Panthère）

卡地亚 1949 年设计的豹形胸针使用铂金、白金材质，镶嵌着一颗重达 152.35 克拉的圆形"克什米尔"蓝宝石，豹身镶嵌着多面形钻石和椭圆形的蓝宝石，豹子的眼睛由梨形黄色钻石制成。卡地亚一直把豹视为吉祥物，在卡地亚的珠宝中，曾经出现诸多品种的豹，最著名的就是美洲豹（Panthère）。1933 年，卡地亚创始人路易斯·卡地亚任命一位才华横溢的女子让娜·图桑担任珠宝设计师，在路易斯·卡地亚的鼓励下，设计了不少以动物为主题的珠宝。让娜·图桑相当喜欢豹，据说她的绰号就叫"豹女士"，或许是特别有感情，她设计的豹形珠宝也特别受欢迎。她的豹形珠宝中最有名的，就是完成于 1948 年为温莎公爵夫人特别设计的豹形胸针，这也是她的第一件豹形珠宝。从这只豹形胸针开始，让娜·图桑又发展出系列豹形胸针、手链、项链及长柄眼镜等产品。

卡地亚"美洲豹"胸针

Trinity Crash系列戒指

三环系列（Trinity）

　　1924 年，路易斯为好友著名诗人让·科克托（Jean Cocteau）设计了造型独特且富有创新的卡地亚三环戒指，也就是如今著名的三环戒指。三个金环相互环绕在一起象征着：友谊（白金）、忠诚（黄金）和爱情（玫瑰金），这是卡地亚对永恒不变的爱的完美演绎。之后，这风靡全球的设计被运用于卡地亚的更多腕表及配饰设计中。2009 年情人节，卡地亚推出了限量发行的新版本，五枚星形镶嵌钻石代表着恒久的爱情。在这值得铭记的日子，用卡地亚三环系列珠宝献上心中深刻、内敛、绵长、永恒的爱，还有什么更令人感动的回忆呢？

爱系列（Love）

但凡被定义为"先锋"的事物，都绝非空有前卫的形式，它们身后总是有广阔的历史背景和深厚的人文内容。卡地亚爱手镯就是这样的"先锋之作"。当时的西方社会，正处在文化、道德及政治理念剧烈震荡的时期，很有人都丧失了对爱与生活的信念，唯以"性解放"作为解脱，卡地亚却反其道而行，用这款需两人协助相锁的传奇手镯，强调"爱与忠贞"的理念，并以此获得了广泛认同。也由此，卡地亚不再只是设计和售卖产品的商户，而又一次成为引导文化潮流的思想领袖。

钟表——经典中传承

1914 年，卡地亚从当时流行的豹皮花色获得灵感，使用缟玛瑙和钻石制作出历史上第一件带有猎豹斑点的圆形女表。猎豹及猎豹斑纹此后成为卡地亚最显著的标志之一，出现在其珠宝、腕表及各种配饰的设计中。

时间无疑是世界上最奢侈的，因为它的流逝是千金也难以买回的。而计时器因为可以记录奢侈的时间而显出其珍贵，"珠宝商的皇帝"卡地亚除了其巧夺天工的珠宝作品以外，其经典独创的钟表精品也备受众人青睐。卡地亚在世界钟表发展史上一直都扮演着异常重要的角色，100 多年来始终傲立于"世界十大名表"之列。

三位一体（Two for Trinity）手镯

卡地亚经典的爱系列

　　由珠宝设计师构思而成的完美外形，加上高级钟表业的最佳机芯，就是卡地亚钟表成功的奥秘。卡地亚档案中最早的钟表可以追溯到 1853 年，古典袋表。1890 年，许多知名表厂都是卡地亚的供应商，包括爱彼、伯爵和江诗丹顿。1888 年，手表第一次进入卡地亚的作品目录。大约同一时期，出现了很多种装在衣兜里和挂在腰带上的钟表，但路易斯·卡地亚认为腕表才是钟表的未来，随后卡地亚便孕育出了许多款山度士。这些名称让人想起特定的造型、转轮、时间标志、指针和表盘。这些造型一眼就可以认出其款式，体现着简约而时尚的美感，线条清爽柔和，时时显现着尊贵，没有一丝造作的痕迹。传奇中的每款钟表杰作，都展现出卡地亚极致创新的精神、艺术唯美的品位以及精湛独到的工艺。

　　举世闻名的魅幻时钟于 1912 年在卡地亚设计师墨理斯·库耶手下诞生，再次显示了卡地亚在钟表领域的开拓精神与舵手地位。在每一款时钟上，由于人们只能看到指针的自如运转却无法找到机芯所在，所以被人们称为"神秘钟"、"魅幻时钟"。之后，多款风格迥异的魅幻时钟被制作出来，让世代顾客着迷称颂，也令卡地亚在时间之颊上打上了永恒创新的烙印。

山度士（Santos）腕表

20世纪初期，著名飞行家山度士在巴黎的一个晚宴中告诉好友路易斯·卡地亚，他在飞行期间双手必须控制飞机不便取出怀表辨时，因此失去赢得由巴黎航空俱乐部举办的德意志（Deutsche）大奖的机会。感到失落的他，请教钟表业内的佼佼者卡地亚能否提供解决方案。卡地亚把好友的请求铭记在心，几年后以创新的设计圆了这位飞行冒险家的梦想。卡地亚山度士腕表，全球第一款腕表就此诞生。几何造型，圆形边角，特殊的螺丝设计显露在外，山度士腕表体现了早期装饰艺术的风格，自由、奔放、冒险的精神呼之欲出。

坦克（Tank）腕表

卡地亚从不墨守成规。在大家都以其为潮流风向标、臆测其异国风情的新导向时，卡地亚却出人意料地将目光转向战场：第一次世界大战中最具震撼力的新武器——法国雷诺坦克，激发了路易斯·卡地亚的灵感，令他

高级珠宝系列

在 1919 年，用一个完美方形创作出周身都是革命性设计的腕表——坦克（Tank）。当时，"简约就是典雅"的概念，人们还避之则吉，但卡地亚这一手表革命的先行者，却坚持其过人远见，公开倡导新的美学标准。多年来，融合一流品位和前卫设计的坦克腕表，现代感历久常新，始终站在时代前端，被称为腕表史上非常重要的目标（Very Important Object）。

卡地亚与"他们"的百年情缘

卡地亚这一品牌名称，自从 1847 年面世的第一天起，就与各代的皇室尊爵、富豪名流联系在一起。

1928 年，行事作风奢华非凡的印度帕蒂亚拉（Patiala）的土邦主布平达尔·辛格爵士（Maharaja Sir Bhupindar Singh）将一只于 1889 年在巴黎环球展示会中购得的、重达 234.65 克拉的枕形钻石"珠宝史上知名的戴比尔斯（The De Beers）钻石"交与卡地亚，委托其将它制作成一条适合正式典礼佩戴的炫目项链。时值艺术风格初兴之始，卡地亚于是以 5 条密镶美钻的白金链带，交错罗织成为奢华至极的坠链，并以这颗著名的戴比尔斯黄钻为主链坠。整串项

融入经典设计和丰富想象力的项链，由总重 797.97克拉的珍贵丹泉石串珠密绕而成，龙头环绕亲吻围处5颗重5.76克拉的水滴形钻石宛如水龙晶莹剔透的泪珠，述说那千年万年的传奇故事

高级珠宝系列

高级珠宝系列

俏丽活泼的龙憨态可掬。背身载重27.59克拉的海蓝宝石，仿佛在碧蓝无边的海洋里俏皮的龙嬉戏其中，使得戒指更沾染着生动丰富的生命力

链使用了 2930 颗钻石，总重约 1000 克拉，堪称"梦幻珠宝大作"。

卡地亚因其独树一帜的设计，屡屡成为皇室爱情盟约的见证人。知名者如为后世传诵"不爱江山，只爱美人"的温莎公爵。在放弃王位迎娶贝西·沃利斯（Bessie Wallis）女士后，他曾数次钦选卡地亚精品作为刻画爱情盟约的最佳载体。1948 年，公爵订购了一只美洲豹造型胸针送给夫人。这只布满斑点的黄金美洲豹，躺卧在重 116.74 克拉、椭圆形切割的祖母绿宝石上方，也是卡地亚第一次制作的立体造型美洲豹。次年，温莎公爵再度购买一颗椭圆形切割的蓝宝石，重达 152.35 克拉，上方装饰一只以蓝宝石和钻石镶嵌而成的美洲豹。

除了皇室成员外，在佩戴卡地亚精品的名人相册中，不乏社会名流、电影明星、歌手、政治家和艺术家等，卡地亚作为奢侈品的象征，不断诉说着"他们和卡地亚之间"的百年情缘。

高级珠宝系列

卡地亚与中国的不解之缘

在世界顶级珠宝品牌的王国里，"皇帝的珠宝商，珠宝商的皇帝"这一无比华贵而备受尊崇的称谓无疑是对法国珠宝及腕表大师——卡地亚最为贴切而完美的定义与赞美，世界各国的王室成员和社会名流均是其客户名单中的常客。16 年前，卡地亚带着这样的尊崇与美誉来到中国内地，随着国内经济的迅猛发展，卡地亚也日益散发出它享誉于世的璀璨魅力，并以其无可比拟

埋藏于地底的珍稀宝石，经过能工巧匠的打磨散发熠熠光芒和诱惑美感，
编织成连接神秘世界和珠宝珍品的纽带

的艺术造诣以及华贵典雅的精美作品，逐渐赢得了众多国内消费者的推崇与喜爱。

其实，这位法国珠宝及腕表巨匠早于1888年就与中国结下了不解的情缘。当时，卡地亚首先从中国传统的漆器艺术上寻找创作灵感，并将这些美妙的艺术元素用于其珠宝作品的设计之中。在随后跨越两个多世纪的绵长岁月里，卡地亚持续不断地从中国传统文化艺术中汲取创作灵感，并陆续将这些异国风情巧妙而完美地运用在

卡地亚经典之作

其自身钟表、珠宝作品的创作上，赢得了世人广泛的认同与赞美。

卡地亚不仅以其独特非凡的艺术魅力与中国结缘，使中国文化得以在异域广泛流传。同时，更是凭借其具有前瞻性的商业视角以及成功有效的经营管理，在国内市场上取得了骄人的业绩。目前，卡地亚已在北京、上海、广州、

在意境深远的想象力下，珍贵稀有的材质、精湛绝伦的工艺和纯正高贵的"血统"以及独特永恒的设计构成了卡地亚高级珠宝不可或缺的元素。珍贵的铂金、钻石、红宝石和石榴石勾勒出逼真的喷火龙形象

童年时代的虚幻故事里被降伏的神魔被卡地亚的精湛工艺生动活泼地重现，
时代特色结合传统工艺神韵是卡地亚高级珠宝系列一直追求的最高境界

在这款手镯中，龙活灵活现地展示着其灵敏的身躯，两颗黄色钻石龙眼更显其尊贵气质

深圳、天津、杭州、青岛、成都、重庆、长春、沈阳、哈尔滨、南京、乌鲁木齐、昆明、长沙 16 个城市设立了 26 间精品店。此外，卡地亚还相继在大连、南京、太原、宁波、昆明、沈阳、鞍山、重庆、温州、济南、武汉、合肥和西安 30 多个大中型城市中设立了特约零售商店。

卡地亚全新高级珠宝作品

作为目前世界上经济发展最为迅猛的市场之一，中国已逐渐在卡地亚的全球版图中占据越来越重要的战略地位。卡地亚将以更为睿智的理念以及更加甄美的作品，在国内市场上书写一段更加辉煌而灿烂的历史！

这段始于两个多世纪前、绵长而隽永的浪漫情缘，将会随着时间的推移，而显得愈发历久弥新，延绵不绝……

卡地亚在中国大事记

1992 年　卡地亚首家腕表专柜在上海设立。

1997 年 4 月　卡地亚北京王府半岛酒店精品店开幕。

2001 年 5 月　卡地亚上海恒隆广场精品店隆重开幕。

2001 年 10 月　卡地亚北京国贸商城精品店开幕。

2002 年 2 月　卡地亚"爱的晚会"在北京举行。

2002 年 5 月　卡地亚敞篷跑车（Roadster）腕表发布。

2002 年 10 月　卡地亚坦克（Tank Divan）腕表发布。

2002 年 12 月　卡地亚欢欣（Delice de Cartier）珠宝系列发布。

2003 年 10 月　卡地亚赞助"劳伦斯冠军奖评选"。

2003 年 10 月　卡地亚"龙之吻"珠宝系列在北京盛大发布。

2004 年 5—7 月　卡地亚艺术珍宝展在上海博物馆举行。

2004 年 6 月　卡地亚山度士（Santos 100）腕表发布。

2004 年 9 月　卡地亚参展北京太庙"Watches & Wonder"钟表奇迹历峰钟表展。

2004 年 9 月　卡地亚广州友谊商店精品店开幕。

2004 年 11 月　卡地亚哈尔滨新世界百货商场精品店开幕。

2004 年 11 月　卡地亚杭州大厦购物中心精品店开幕。

2004 年 12 月　卡地亚上海外滩 18 号旗舰店开幕。

2004 年 12 月　卡地亚深圳西武百货罗湖精品店及西武百货中信精品店开幕。

2004 年 12 月　卡地亚 Panthère 猎豹白金珠宝系列隆重上市。

2005 年 9 月　卡地亚成都仁和春天百货精品店开幕。

2005 年 10 月　卡地亚帕莎（Pasha）珠宝系列隆重上市。

2005 年 11 月　卡地亚 Panthere 猎豹黄金珠宝系列上市。

2005 年 12 月　卡地亚青岛海信广场精品店开幕。

2005 年 12 月—2006 年 1 月　卡地亚坦克腕表中国巡展。

2006 年 1 月　卡地亚长春卓展购物中心精品店开幕。

2006 年 1 月　卡地亚荣获胡润百富榜"2005 年中国富豪品牌倾向调查"之"最佳珠宝"及"最佳珠宝计时系列"两项大奖。

2006 年 1—2 月　卡地亚首次参与"哈尔滨国际冰雪节"。

2006 年 4 月　卡地亚新款"爱的系列"珠宝上市。

2006 年 7 月　卡地亚兰花珠宝系列上市。

2006 年 7—9 月　路易斯·卡地亚圆形腕表上海盛大发布会及中国巡展。

2006 年 9 月　卡地亚"爱在联合国儿童基金会"（LOVE in UNICEF）慈善义卖活动启动。

2006 年 11 月 8 日　卡地亚北京百盛精品店盛大开幕。

2006 年 12 月 15 日　卡地亚沈阳精品店隆重开幕。

2007 年 1 月　卡地亚荣获《胡润百富》"2007 至尚优品——中国千万富豪品牌倾向调查报告"、"最受富豪青睐的珠宝品牌"奖项。

2007 年 4 月 26 日　卡地亚重庆精品店盛大开幕。

2009 年 1 月　珠宝皇帝卡地亚五年蝉联胡润"中国千万富豪品牌倾向调查"最受青睐珠宝品牌。

绰美（CHAUMET）：
永恒的皇冠

1934年巴黎歌剧院演出间隙，其时贵族喜好佩戴后冠出席活动观赏歌剧

1959年，玛依拉·格拉齐亚公爵夫人（Duchess Maira Grazia Salviati），阿拉贝拉·兰扎·迪斯卡拉（Arabella Lanza di Scalca）女士和杜米塔拉·瑞斯泊利（Domitalla Ruspoli）女士在罗马罗斯皮廖西（Rosogliosi）广场举办晚会

1976年瑞典西尔维亚（Silvia）皇后与国王卡尔十六世古斯塔夫（Carl XVI Gustav）结婚照所戴绰美罗马浮雕图案皇冠，由约瑟芬皇后的女儿传入瑞典王国

导语

炫目的皇冠是我们认识绰美的开始。从皇室到明星，绰美的魅力似乎无人可以抵挡。这个享有百年历史的珠宝品牌，历经几代人的努力，为我们呈现出了各个年代具有代表性的作品。绰美的华美、绚丽，已经成为高贵的代名词。

230多年来，尊贵的客户们一如既往地来到绰美的大厅里，向品牌的珠宝大师讲述他们的故事和期望，订制神圣的或传达情感的独特珍品。每一件绰美珠宝不仅仅是美和风格的象征，更是心意的传递者。

追溯到品牌开端，特别是创始人尼托（Nitot）的作品中，有一种可以称之为绰美符号的元素。尼托为拿破仑皇帝制作的第一批御用珠宝，在加冕仪式上恰如其分地表现帝国的强盛和皇帝的威严气势，协助年轻的皇帝走向权力的顶端，从某种意义上说他所佩戴的御用珠宝也不啻为一个让人震慑的策略。绰美从此成为冠冕珠宝大师，能让"众人目光至面颊顶端，那里带着权威的象征"。1915年制作的波旁帕玛尔马（Bourbon-Parme）皇冠至今仍然是品牌的主要标志之一。

几代人的传承

绰美的品牌创始人马里·艾蒂安·尼托（Marie-Etienne Nitot）是个非常具有传奇色彩的人物。马里·艾蒂安·尼托在与皇后玛丽安托瓦内特（Marie-Antoinette）的御用珠宝匠奥贝尔（Aubert）合作后便开设了自己的珠宝店，并且很快就得到一批贵族客户的青睐。而真正让他声名大噪的则是在1802年成为拿破仑的御用珠宝匠。拿破仑的珠宝品位具有非常鲜明的特点，那就是带有一定的政治意识：要显示权力和当时帝国的强盛。在任职于拿破仑御用珠宝匠的这段时期，尼托设计并创造了拿破仑的御用佩剑，还把帝国最美最大的钻石镶嵌在佩剑上，即著

1804年12月2日，拿破仑加冕日，约瑟芬（Joséphine）皇后佩戴奢华精致的珠宝和皇冠艳惊四座

1976年瑞典西尔维亚皇后与国王卡尔十六世古斯塔夫
结婚照所戴绰美罗马浮雕图案皇冠画像

名的"摄政王"钻石，重达 140 克拉。而如今这把大名鼎鼎的佩剑已然陈列在卢浮宫博物馆里。两年后，尼托亦为拿破仑铸造了加冕仪式上佩戴的皇冠和御剑。为迎合约瑟芬皇后对珠宝的品位，尼托还特意为她设计制作了一系列大胆而感性的珠宝首饰；而玛丽·路易丝（Marie Louise）皇后则喜欢极其奢华的风格，皇后在婚礼时所佩戴的首饰，还有皇帝在他们的儿子出生并受封为罗马王时送她的钻石项链，现在都陈列在凡登广场 12 号的历史大厅里，奢华程度可见一斑。

品牌后来的继任人尚·巴蒂斯特·弗森（Jean-Baptiste Fossin）、尚·瓦伦太·莫雷（Jean Valentin Morel）都才华横溢，续写了尼托父子的成就。

尚·巴蒂斯特·弗森和他的儿子儒勒（Jules）与尼托有所不同，他们代表了品牌的浪漫主义时期，其风格灵感源自装饰艺术，大多呈现了意大利文艺复兴和法国 18 世纪的艺术风格。由他们设计和制作的珠宝深得当时的贵族精英垂青，其中包括：贝力公爵夫人（la Duchesse de Berry）、法国国王路易—菲利浦（Louis-Philippe）家族、与拿破仑一世侄女玛蒂尔德（Mathilde Bonaparte）成婚的俄国王子安那托·戴米道夫（Anatole Demidoff）以及一群新顾客，当中有画家、雕塑家、作家、舞台剧艺术家等。在这个时期，绰美还开创了自然主义风格的先河：弗森父子制作了许多自然花草和水果形状的珠宝饰品，如常春藤、牵牛花、橄榄枝、栗树叶、蔷薇、茄子、葡萄等，他们用高超精湛的技艺把黄玉、绿宝石、红宝石和钻石组合镶嵌成各种惟妙惟肖的自然形态。

1848年的法国革命极大地影响了当时巴黎的商业活动，这个时候寻求海外市场已经成为生存和发展的出路。于是弗森便派他的首席珠宝匠尚·瓦伦太·莫雷跨海到伦敦去发展。

莫雷与儿子普诺佩斯·莫雷（Prosper Morel）设计的珠宝很快就让伦

奥黛丽·赫本在电影《漂亮女人》中佩戴一只白鹭冠，1963年

敦的名流绅士、淑女们倾心，他们更成为维多利亚女王的珠宝匠。1852年拿破仑三世的第二帝国建立后，莫雷决定回到法国。1853年拿破仑三世和尤金妮（Eugenie Montijo）结婚后，巴黎重拾昔日的繁荣与生机，并再次成为世界首屈一指的时尚和奢侈之都。1862年的普诺佩斯·莫雷继承其父的事业成为珠宝店的主理人，珠宝的设计也配合当下潮流，衬托当时华丽高雅的盛宴

绰美三重冕（Tiara）

舞会圆长裙，造就了许多适合白天或晚上佩戴的精致亮丽的珠宝首饰。在儿子普诺佩斯的协助下，莫雷取得了莫大的成功，其尊贵的客户有：拿破仑三世和尤金妮皇后、拉罗什富科公爵（Duc de La Rochefoucauld）、吕伊纳公爵（le Duc de Luynes）、阿尔古公爵（le Duc d-Harcourt）、巴黎的银行家罗斯切尔德（Rothschild）与大工业家族等。巴黎恢复了昔日的繁盛和璀璨，重新成为誉满世界的奢华及时尚之都，珠宝业顺势繁荣，人们无论昼夜都穿戴着华美的礼服和首饰，盛装生活。

绰美三重冕（Tiara）

　　绰美的冠冕具有非凡的意义。而这其中，约瑟夫所扮演的角色尤为重要。约瑟夫也同时被称誉为绰美的冠冕制作大师。约瑟夫·绰美于 1885 年继任为珠宝店的第四代传人，凭借其非凡的创意而成为无可比拟的珠宝大师。他那优雅而庄重的风格让当时的王室贵族倾心不已，他为客户设计和制作冠冕、头饰、社交徽记以及时装配饰，丰富的创作为品牌的发展作出了不可磨灭的贡献，如在 1894 年用金、银、红宝石和钻石打造出著名的蜂鸟（Colibri）头饰，还有旭日东升（Soleil Levant）头饰，上面的太阳图案的风格来自日本艺术；在 1919 年用铂金和钻石打造波旁帕尔马皇冠。1907 年，约瑟夫把珠宝店迁至凡登广场 12 号。

　　珠宝艺术先驱者马赛尔·绰美则是在父亲的引领下进入珠宝行业，并于1928年继承品牌业务。这个时期的珠宝风格为20年代"小男生风格"（gar-on）而且融入了和谐的几何造型，但在30年代重趋女性化。这种风格有着强烈的色彩、材质对比，并搭配有宝石，在1925年的巴黎装饰艺术展上被正式冠名。

　　绰美历经了百余年的发展，才渐渐步入当代风格的演变过程中。1945年以及之后的几年，迪奥新造型（New Look of Christian Dior）风行时装界，而绰美则保持一贯品位，堪称行业先驱。这个时期，所有的设计都反映了当

绰美三重冕（Tiara）

时巴黎人的优雅品位和创新理念，凡登广场 12 号的珠宝作坊继续精心制作以满足巴黎人的非凡品位。"华丽摇滚"（Aristo-rock）风格应运而来。另外，新的国际传奇系列也陆续产生：一类（Class One）系列、花花公子（Dandy）系列、联结（Liens）系列，和谐的线条，纯粹的形状，令人心动的分量，风格展现出本质。一切美妙之处都具有意义，绰美的美永恒地传递着亲密和炽热的情感，营造一个充满情感的世界。对完美工艺无止境的追求，对当代艺术的生动演绎也是把绰美和全世界众多客户紧密联系起来的纽带。

绰美玛瑙浮雕镶嵌珍珠王冠，尼托1809年制作

久负盛名的私家大宅

提到历史，不得不说到绰美绝无仅有的私人大宅。自 20 世纪开始，绰美华丽的影像早已存放在这个历经传奇的私人大宅里。这座历史悠久的大宅建于路易 16 世时期，著名建筑师孟沙尔（Mansart）设计建筑外墙，其他部分的设计则沿用了他的建筑设计理念，令整个建筑充满独特风格：简洁通透，巧妙严谨，充满了想象力。一楼是具有 18 世纪风格的大厅，该大厅于 1927 年被官方列为历史古迹，置身于这个对称透视设计的空间，我们如同重返往昔。伟大的钢琴家肖邦（Chopin）在此创作和演奏他的音乐，并度过了他生命中的最后时光……旁边的大厅摆放着 150 件精美华贵的白铜冠冕和头饰。它们是绰美

绰美1920年的发箍广告图，以"a la Joséphine"（像约瑟芬皇后那样）的广告词宣扬一种将皇冠和发箍覆盖在额头上的风尚

品牌的公主——高贵的公主，来自远方的公主，变幻无常的公主，而隐藏在这些非凡公主后面的，更是一个充满力量与梦幻的世界。挂在墙上的还有一幅罗伯特·勒弗维尔（Robert Lefèvre）创作的玛丽·路易丝皇后的肖像画，是绰美在 1975 年购买收藏到的，它象征着品牌为皇室贵族制作珠宝冠冕的开端：皇后身上的配饰珠宝均由绰美创始人马里·艾蒂安·尼托用贵重的宝石精心打造。也正是从那个时候开始，绰美开创了其品牌的历史。

绰美创立至今，已有长达两个多世纪的历史。法国历史和法国珠宝史与绰美品牌史密不可分。绰美账本上那些尊贵的名字，有法国的，也有其他国家的，这些记载可以上溯至 1780 年，并延续到今天。在此厅对面，离门不远处是第三间大厅，专门陈列高级珠宝。这间大厅在 2004 年由著名建筑师尚—米盖尔·威尔莫特（Jean-Michel Wilmette）重新设计改造，注入当代元素。久经历史的细木墙板和现代元素巧妙融合，过去与现在融为一体。而同样见证历史的凡

绰美巴黎凡登广场12号

巴黎凡登广场的绰美珠宝作坊，磨石和用于软化金属的刷子

登圆柱则在大厅窗外隐隐透露着这一伟大品牌的传承精神。

权威珠宝大师

　　凡登广场 12 号的珠宝作坊作为品牌的心脏地带，见证了品牌自 1780 年以来从未间断的珠宝制作传承，从一代继任到另一代。

　　对于每一位继承人而言，至少要完成 5 年的学徒实习后才能进入作坊，在作坊工作 25 年以上的佼佼者方有可能被选为作坊继任人。

　　现任作坊继任人（作坊总监）雅克·寇布斯（Jacques Combes），进入绰美已有 35 年之久，他带领并管理一支 20 多人的工艺团队，有珠宝技师、镶嵌技师和打磨技师。他们在一个恒久不变的环境下工作：白色的工作服，橡木

巴黎凡登广场的绰美珠宝作坊，钳子分类架

绰美白鹭冠

工作台，地面上有金属网筛，拉丝用的凳子。他们在这里把宝石与金属制作成精美珠宝饰品。一件珠宝首饰的制作需要完整地融合设计和工艺环节，珠宝设计师构想以及绘制草图，作坊在制作过程中有足够的空间选择宝石的大小，控制接口的柔韧性，运用适当的工艺，从而最大限度地体现设计的精髓。

制作的灵活性和对完美不断的追求让富有个性的订造饰品成为现实，体现高级珠宝品牌的专属服务。

作坊负责保养客户的珠宝饰品，也为著名博物馆提供古董珠宝的鉴定服务，为卢浮宫阿波罗馆提供鉴定服务便是品牌自第一帝国以来的传统。

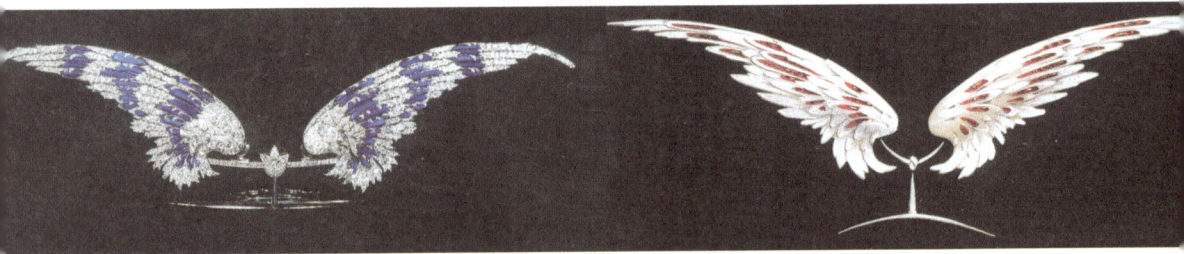

绰美的翼形头箍灵感亦来自于瓦格纳（Wagner）的歌剧《女武士》（The Valkyries）

绰美巴黎凡登广场12号

　　绰美不仅仅象征一种风格，更流露品牌的原创精神：独一无二的珠宝制作工艺，对宝石、珍珠和贵重金属独有的加工制作方式，这些都不能在图纸上完全描绘出来，更多的则是品牌和客户之间的共识和默契。佩戴绰美的女性自然会流露出微妙的不同：她们优雅，高贵，内心潜藏激烈的情感，外在绽放迷人的光彩，在温和谨慎的态度下是明确果断的个性。

　　每一件绰美珠宝都显露出这种微妙的特质并经过真正的风格论证，搭配严谨的构造，流畅的线条，是让人一眼就能识别的极致精品。不对称设计是绰美的又一经典特色，彰显低调的奢华，搭配简洁纯净的造型，而瑰丽的宝石则成为隐藏的细节。精心修饰的同时又清晰易懂，装饰繁多细腻但不浮夸，保留经典的元素亦有现代的设计，绰美精神一如既往紧密地联系品牌和客户，一种建立在精神灵魂深处的联系，尊贵并夹杂着些许的洒脱不羁，这就是绰美所蕴涵的贵族本质和摇滚精神。

永恒的王冠

要想了解绰美的品牌风格、设计理念以及绰美的一切，必须首先从了解

绰美东京银座店

绰美的冠冕作品开始，因为它是品牌标志之一，也是品牌的尊贵传承之一。绰美的冠冕作品代表了一个从创业之初就与世界上最显耀尊贵的人物结下不解之缘的品牌，它是超凡卓绝的珍品，拥有绝对女性化的造型，绝对的绰美，它就是品牌的公主。品牌的每一位形象大使都会骄傲地戴上它，炫耀自己的公主风范，"吸引目光至高贵的头部"：冠冕衬托出索菲·马索（Sophie Marceau）、丝戴拉·德朗特（Stella Tennant）以及卡特瑞拉·姆瑞诺（Caterina Murino）绝无仅有的美，漂亮之中尽显高贵。

　　绰美从 1780 年至今已经为皇室和贵族家族制作了 1500 多个冠冕，而且从未停止创新。如今，每次推出新系列也是绰美向世人展示珍藏冠冕的机会。轻盈柔美的头饰，无论是花边雾凇（Dentell de Givre）系列的白金镶钻、形

巴黎凡登广场绰美珠宝作坊，为项链切割的钻石

手工工具

状别致的头饰，还是现任某位尊贵女王的王冠，以及网着我……若你爱我系列中白金镶圆形钻石的头饰，正是这些冠冕头饰让绰美真正与众不同。

绰美精湛创新的技艺同样体现在凡登广场存放的700件白铜冠冕模型中。每一件绰美作品都切合当时的时尚潮流，具有明显的当代特征，也经得起历史考验。有这样一则逸事：让品牌创始人尼托名声大振的拿破仑要订制几件不同于其幕僚的珠宝饰品，同时还要承载政治意味的御用珠宝，他为此参考古代绘画素材中的女王的行头：王冠、带状冠冕、压发梳、头带等。而尼托当然不负众望，制作了让拿破仑满意的冠冕作品。后来的弗森父子在冠冕和

绰美约瑟夫1907年制作的羽翼状王冠（钻石、铂金和蓝色半透明珐琅）

波旁帕尔玛王冠

头饰制作方面也取得了巨大的成功。由黄玉、绿宝石组合成自然主义风格的花冠和头饰，有花形、叶形和水果形状，配以打结和饰带。来他们珠宝店的有贵族、银行家、俄国王子、美国新贵……他们戴着绰美珠宝盛装参加舞会或现身剧院，头发上装饰着花形头饰或羽毛头饰：天堂鸟的羽毛、鸽子羽毛、鹦鹉羽毛、蝴蝶形头饰、星形头饰、麦穗头饰……

19 世纪末，约瑟夫把品牌推至另一个高峰。他本人非常喜爱珍珠，同时也是红宝石等珍贵宝石方面的权威。他的作品让贵族们爱不释手。为杜德维尔公爵夫人（Duchesse de Doudeauville）制作有月桂叶图案的冠冕，为吕伊纳公爵夫人（Duchesse de Luynes）制作的三叶草形冠冕，以及为阿尔古公爵夫人（Duchesse d–Harcourt）制作的芦苇形冠冕等都成为了经典。

1905 年，绰美在伦敦开设了分店，他当时最大的客户就是威斯敏斯特公

酷爱绰美珠宝的摩洛哥哈桑二世为女儿拉拉·汉斯娜（Lalla Hasna）
公主的结婚典礼定制的绰美皇冠，1994 年

路易斯·蒙巴顿女士（Lady Louis Mountbatten）的绰美钻石珍珠皇冠，1937年

位于凡登广场12号的绰美作坊里的作品

设计图——绰美巴黎藏品

爵（Duc de Westminster）。两年后，他迁店至凡登广场 12 号。受时装大师
保罗·波烈（Paul Poiret）的影响，当时的时尚潮流已经改变，头饰陪衬贴
身直裙便会过分突出，而且当时的女性已经流行剪短头发，于是绰美设计出

一系列衬托眼睛神韵的珠宝首饰：利用简洁的线条，几何造型，并列镶嵌的宝石，其主题灵感来自远东和埃及。当时法老王图坦卡摩的陵墓刚刚被发现。绰美也从 1929 年开始设计创作出一系列多用途的钻石头饰，可以用作手链、项链、胸针，也可以夹在头巾和头发上。1935 年乔治五世的加冕仪式使冠冕饰品再度盛行，人人都有头饰，没有的也要借来穿戴。贝斯巴勒(Bessborough)伯爵夫人曾把自己的绰美头饰借给罗斯·肯尼迪（Rose Kennedy ）。1938 年罗斯·肯尼迪穿着慕尼丽丝（Molyneux ）礼服，戴着绰美饰品，到白金汉宫觐见英国王室成员。如此可见，冠冕饰品对于绰美着实具有非常的意义，而且也让绰美成为蜚声全球的经典品牌。

传递情感的信息

绰美总是通过作品讲述美感与传奇的故事，每一件作品都是珍稀宝石和贵重金属的结合，承载着深刻的信息。赋予珠宝强烈而丰富的情感信息是一种精细微妙而又复杂的学问，它有上千种的表达方式。绰美 ABC 系列可以算是这方面的极致，源于约瑟芬皇后发明的珠宝密语，是完全个性化的独特系列。26 种不同的宝

佩戴绰美的皇后

俄国伊琳娜·尤素波夫（Irina Yousoupoff）公主，
佩戴绰美1914年制作的装饰艺术太阳头箍

石分别代表 26 个字母，绰美客户可以随意把它们组合成手链、吊坠、戒指，传达永恒的寓意。连结系列则表达的是某种深沉而紧密的情感，包括爱情、亲情，当然还有友谊。若你系列则通过诙谐的方式歌颂萌芽中的爱情。蜘蛛为了爱织网，织出一张紧密的情网，中心镶嵌宝石，晶莹闪亮，充满诱惑，天真烂漫的蜜蜂无法抵抗，不能逃脱。Le Grand Frisson 系列则通过两颗中心宝石的对比和相互辉映来喻义在爱情萌生时那电光火石般的情感碰撞。

绰美珠宝超越了宝石和贵重金属的表象：每一件作品都是一本小说，一首诗歌，是与最高贵情感的约定。

绰美的珠宝种类异常广泛，当然这其中自然不能缺少对于"爱情"的追求与向往。绰美自 1780 年成立之初，就是制作"爱的珠宝"专家。当时结婚的年轻夫妇都会收到结婚礼物，按照 19 世纪以来盛行于法国和欧洲大家族之间的传统，人们往往会给新娘献上华贵的珠宝饰品。1810 年，绰美为玛丽·路易斯和拿破仑一世的联姻制作结婚礼物。1919 年绰美又为杜德维尔公爵夫人（Duchesse de Doudeauville）定制了送给她女儿和西斯特·波旁王子（Prince Sixte de Bourbon-Parme）的结婚礼物——一顶白金镶钻的王冠。这件自然主义风格的珍品如今收藏在绰美博物馆里，继续向世人展示品牌精美绝伦的技艺和风格。1950 年起，婚戒更是成为承诺的象征。婚戒代表履行承诺，在结婚典礼上新人交换婚戒的意义是："我把这颗指环交给你，它象征我们之间的爱和忠诚。"正是基于这种特殊的意义，绰美更是不断推陈出新为不同的尊贵客户量身打造专属他们的爱情象征。也用婚戒诠释了品牌"爱的珠宝"的含义。无论何时，绰美都用珠宝向人们展示了何谓"永恒"？何谓"爱"？

酷爱绰美珠宝的摩洛哥哈桑二世为女儿汉斯娜公主的结婚典礼定制的绰美皇冠，1994年

名模安娜·吉尼宁（Anna Gunning）佩戴一只
可拆卸做项链的绰美皇冠，1953年

绰美与钻石

绰美的每一件珠宝都附有美国宝石协会的认证书（GIA）。美国宝石协会是世界上最具权威且最著名的宝石鉴定认证机构。鉴定钻石质量的四个通用标准是4C标准：克拉（carat）、切割（cut）、色泽（color）、净度（clarity）。

克拉——重量

钻石的重量由克拉来计量，克拉从1907年起成为国际公认的重量标准。它可能是一粒角豆的重量，是源自远古时代的一种宝石交易重量单位。一克拉相当于0.20克。

切割

切割无疑是利用光线令钻石增辉的手法。未经打磨切割的原钻石是不透明的，

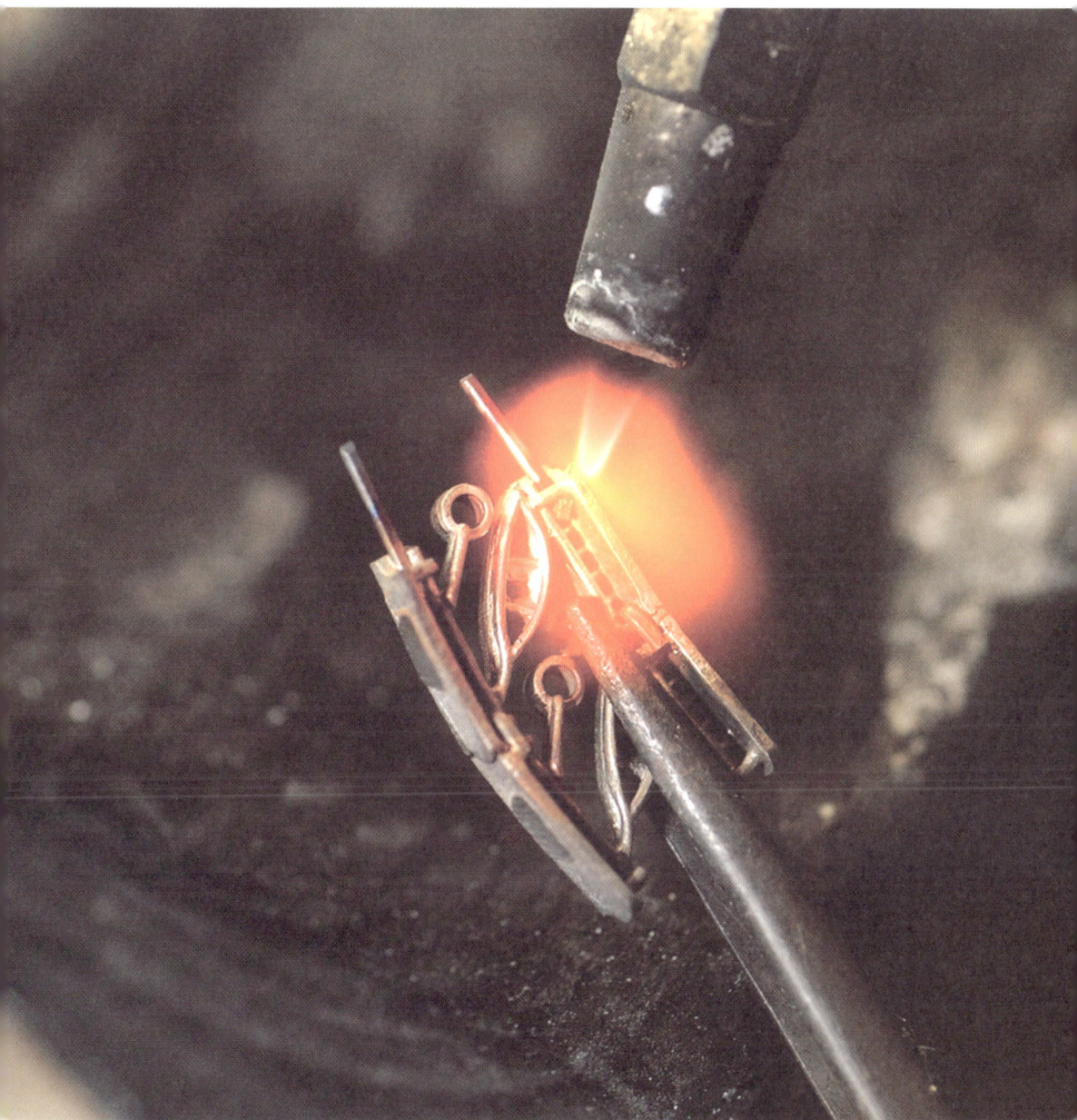

手工坊焊接珠宝

也不会发出光芒。正是通过切割才能展现钻石那高贵的质量，在各个位置和各个方向上的小切面让钻石发出璀璨的光芒。钻石的切割形状有：圆形、公主形、椭圆形、梨形、心形……

色泽

色泽越是净白无色的钻石越是稀有珍贵。钻石的色泽鉴定有一套严格的

美国影星马乌·玛瑞（Mau Murray）在1925年电影《风流寡妇》中佩戴绰美头带冠

国际标准，完全无色钻石定为 D 色，然后按照字母顺序依此类推。绰美的每一款婚戒钻石都是 D、E、F 级别的无色钻石。

净度

世界上每一块宝石都是独一无二的。宝石的净度取决于杂质渗透的数量和大小，即结晶过程中发生的自然"意外"。杂质越少其光线反射度就越强，完全没有杂质的钻石是很罕见的。如果在 10 倍放大镜下仍然看不到任何杂质，那么该钻石就被视为"纯净"。

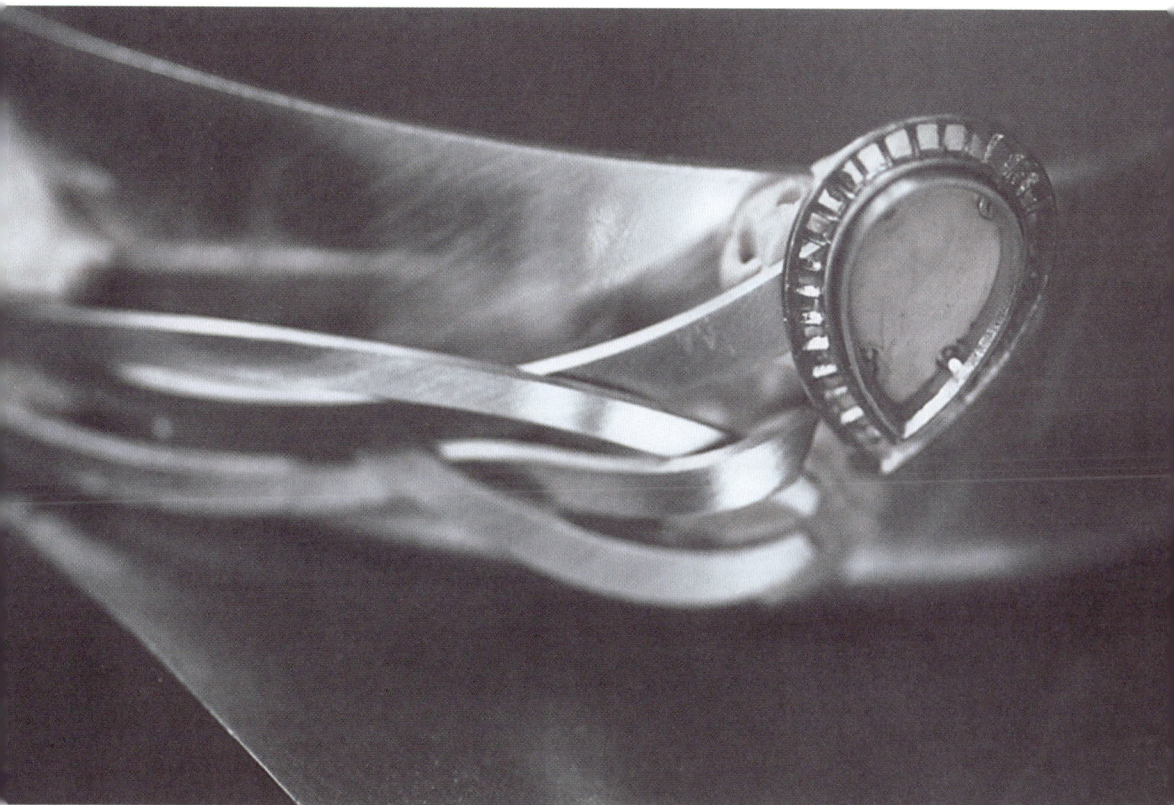

凡登广场12号的绰美作坊里的作品

叶状头饰，1853年制作（金、银、钻石）

后记

时至今日，绰美依然秉承品牌创始之初的各项优良传统，将珠宝的制作不断推陈出新、发扬光大。无论是具有典型代表意义的冠冕传奇，抑或是迎合王宫、贵族品位的高级珠宝，绰美用心打造每一件专属的珠宝作品，并不断地续写着传奇。

绰美品牌大事记

1780 年，年轻的珠宝及钟表制造工匠马里·艾蒂安·尼托在巴黎创建了一家珠宝作坊，即绰美的前身。

1802 年，马里·艾蒂安·尼托先生成为法国皇帝指定的珠宝提供商，之后，他又为约瑟芬皇后和拿破仑第二任皇后玛丽·路易丝设计了皇剑、皇冠和所有其他华丽的服饰，这些珍宝至今仍在卢浮宫展览。

1840 年，法国革命迫使品牌的继任人莫雷离开巴黎，最后辗转来到伦敦。在那里，他的珠宝征服了英国维多利亚女王与权贵们，莫雷成为英国王室钦定珠宝供应商。

设计图——绰美巴黎藏品

凡登广场12号的绰美作坊里的作品

为威斯敏斯特公爵制作的铂金、钻石、半透明蓝色珐琅俄罗斯风格皇冠，1911年

　　1851 年，首届世界珠宝展览会开幕，莫雷（Morel）被授予最具名望的珠宝商之一。

　　1885 年，他以自己的姓氏绰美为这家 100 多年的珠宝专营店命名，当时绰美就是一家注册公司。

　　1894 年，由约瑟夫·绰美所设计的天堂鸟，以银、黄金与红宝石、钻石镶嵌而成的羽饰，反映了那个时期浪漫主义风格。

　　1907 年，绰美被赋予了一个灵魂：凡登广场 12 号。其时，巴黎正处于黄金时代，而约瑟夫·绰美就像魔术师一样能让珠宝栩栩如生。

　　1944 年，绰美加盟了 Christian Dior's New Look，把目光放到女性日常生活中。

　　1969 年，绰美珠宝店在巴黎凡登广场开业，珠宝从此走进普通大众的生活。

　　1999 年，法国 LVMH 集团全资收购了绰美这个有 200 多年历史的品牌。

Bee My Love（蜂·爱）系列蓝
珊瑚色的帕拉依依巴碧玺

Bee My Love（蜂·爱）
系列顶级珠宝

萧邦（CHOPARD）：奢华的象征

萧邦工厂

导语

"如果要让我把萧邦和一样东西联系起来，这样东西便会是一颗很大的心，因为在萧邦背后是一个家族。"——卡洛琳·格罗斯·舍费尔

这是萧邦灵魂人物卡洛琳·格罗斯·舍费尔对于萧邦最好的评价。我们今天看到的萧邦历经了一百多年的历史，终于在今天再次绽放品牌无与伦比的光辉。

萧邦是迄今世界上仅存由家族拥有并管理的豪华腕表及珠宝品牌。家族直接的介入，确保了品牌恪守150年前建立的追求完美的精神，使品牌长盛不衰。直到今天，萧邦已经拥有三个生产基地，分别位于瑞士的日内瓦和弗

设计草图

勒里耶(Fleurier)以及德国的普福尔茨海姆(Pforzheim)，掌握多达45种独特技艺，约95%的部件为本厂自行生产。萧邦已经当之无愧地成为珠宝界的精英翘楚。

品牌历程

欧洲文艺复兴以后，世界璀璨的文化艺术精品不胜枚举。制表工艺也一

Chopard

萧邦设计草图

如既往地追求完美和纯粹。1860年，才华横溢、工艺卓越的路易斯·尤利斯·萧邦（Louis Ulysse Chopard），在瑞士汝拉地区以手表制造闻名的小村落桑维里耶（Sonviller），创建了他的作坊，开始生产精密钟表。他游历东欧、俄罗斯和斯堪的纳维亚半岛去争取客户，并成为沙皇尼古拉二世的供应商。因家族长久以来以制造手表闻名，再加上萧邦本人巧思独具，使得公司迅速建立名声，其中又以制造有高度准确性的口袋形定时器最为著名。当时的瑞士铁路公司都慕名而来，邀请萧邦担任供货商。此后，这家公司火车误点情形竟然大大降低，让世人见识到萧邦精准的制表技术。在经营出口碑后，萧邦在1920年将工厂从桑维里耶迁到日内瓦，决定开始设计镶嵌宝石的手表，从此开始生产宝石手表。

路易斯·尤利斯·萧邦去世之后，他的儿子保罗·路易继承父业。1922年，他在拉夏德芳开设了一家分公司，而其后这里成为公司的总部所在。路易斯·尤利斯的孙子保罗·安德烈·萧邦在此将家族事业继续发扬光大。20世纪60年代，保罗·安德鲁·萧邦，最后一个以萧邦为名的手表制造者，不得不面对这样一个现实：他的儿子之中没有一个愿意将他的传统继承下去。与此同时，德国的舍费尔（Scheufele）家族，作为生产和经营首饰手表的厂商，也在积极寻找业务的突破点。

卡尔·舍费尔一世于德国的普福尔茨海姆创办了一间专门从事珠宝腕表生产的公司，并以 Eszeha 的品牌名称进行销售。他的儿子卡尔·舍费尔二世在第一次世界大战后接管公司，后于 1958 年将公司传于时年 20 岁的卡尔·舍费尔三世。

卡尔·舍费尔三世渴望制造自己的钟表机芯，于是刊登广告表明他希望收购一家瑞士钟表机芯制造厂的意愿。1963 年，卡尔·舍费尔三世与保罗·安德鲁·萧邦会面，两人一见如故，并当场达成了交易。卡尔·舍费尔三世于 1963 年收购了萧邦，开始制造拥有优质机芯的钟表。萧邦制造的新颖钟表大获成功。1967 年诞生的"快乐钻石"（Happy Diamonds）系列在现代珠宝史上留下了不可磨灭的印记。首款"快乐钻石"腕表问世：活动钻石在表盘上潇洒自如地滑行，旋转于两层透明的蓝宝石水晶面之

众多的时尚元素融入设计

间。同年，萧邦开发纯金高级男士腕表。1980 年，萧邦推出运动腕表，为消费者带来惊喜。圣摩里兹(St.Moritz)腕表是当时 22 岁的卡尔·弗雷德里克·舍费尔的首件设计作品。这款优雅而富有活力的腕表既可以防水又可以防尘。卡洛琳·格罗斯·舍费尔笔下的第一款首饰设计作品小丑吊饰，代表了品牌在珠宝领域的崭新态度和新方向。卡尔·弗雷德里克·舍费尔和卡洛琳·格罗斯·舍费尔被任命为副总裁，后双双正式接任公司联合主席的职位。卡尔·弗雷德里克·舍费尔继承了其父对古董车的热爱。萧邦自 1988 年起开始与极富传奇色彩的意大利 1000 英里拉力赛古董车大赛成为合作伙伴。1000 英里拉力赛腕表系列、杰克·埃克斯(Jacky Ickx)腕表系列以及世界著名的摩纳哥古董车大 赛(Grand Prix de Monaco Historique)腕表系列，这三大腕表系列共同组成了经典赛车腕表(Classic Racing)系列。

卡洛琳·格罗斯·舍费尔最钟爱的"运动快乐"(Happy Sport)腕表成为全球第一款大胆以钢材质搭配钻石的腕表。从问世那天起，它就成为制表业长盛不

设计草图

衰的成功典范之一。

萧邦重现了法兰西帝国的辉煌。延续品牌于 20 世纪 60 年代和 70 年代首创的密镶钻石腕表风格推出全新的珠宝腕表皇室（Imperiale）系列，由数款圆形和方形、拥有计时功能或镶嵌珠宝的腕表组成，分别为男士和女士设计。

1996 年，卡尔·弗雷德里克·舍费尔在瑞士弗勒里耶新建了一家制表厂，用于生产高精密的机械机芯。迄今为止共制作了 9 大系列的机芯。与此同时，卡尔·舍费尔和荷西·卡雷拉斯共同设计了限量版的系列腕表，并以该系列的销售业绩赞助卡雷拉斯发起的防治白血病事业。

2002 年，新款"金色钻石"（Golden Diamonds）概念产品问世，成为高级珠宝领域的创新之举。到了 2003 年，"陀飞轮"腕表问世。新款"快乐精灵"（Happy Spirit）腕表大获成功，其卓越纯净的表款极具现代风范，显示出独有的特色。

2007 年，为庆祝第 60 届戛纳国际电影节开幕以及萧邦与戛纳合作的第 10 个年头，曾为电影节重新设计金棕榈奖杯并由

精巧的手工制作过程

别致的形状设计

精良的选材

花朵是萧邦的最爱

此开启了双方合作之门的卡洛琳·格罗斯·舍费尔，推出了首个红地毯（Red Carpet）珠宝系列，包含 60 件精美绝伦的高级珠宝首饰。

萧邦的诸多代表佳作，都在珠宝业及制表业掀起了新时尚。如今，已渗透到萧邦骨髓之中的，仍然是其 1860 年创始之初就已秉承的企业精神，并结合高超的手工工艺和大胆的技术创新，不断发扬光大。2010 年，在这家令人尊敬的公司踏入 150 周年之际，为了庆祝这一里程碑，品牌推出了一系列以动物为主题的高级珠宝首饰，以及四款全新高端腕表机芯。

如今，萧邦仍然是以家族企业的形式存在。管理萧邦公司的是卡尔·舍费尔总裁及夫人卡琳（Karin），他们的孩子卡尔·弗雷德里克·舍费尔和卡洛琳·格罗斯·舍费尔是公司的两位副总裁。舍费尔家族在产品设计上所表现的出众创造力，以及在珠宝领域一贯的非凡造诣，使萧邦表的内涵和特质得到了很好的延续，不断地焕发新的光彩和活力。现在，萧邦在十几个国家开设了子公司，而手表专卖店更是遍布世界各地。从热情洋溢的加勒比日光海滩，到樱花飘舞的日本温泉，再到法国的香榭丽舍大道，甚至埃及的金字塔脚下，你都会发现萧邦华贵而时尚的身影。

萧邦旗下的品牌不可谓不多，其中最经典的首推路易斯·萧邦（L.U.C）系列和快乐钻石(Happy Diamonds)系列。除了同样骄人的名气与人气以外，它们的特殊渊源，也奠定了它们作为主打表的地位。

近年来，萧邦推出了一款男士手表系列，并命名为L.U.C——以纪念公司创始人路易斯·萧邦。这款手表最初的创意也和萧邦先生在创业之初的想法有关。路易斯·萧邦系列手表利用传统的制作方式，达到了返璞归真的效果，更重要的是，这一系列手表的开发，为萧邦的手表制作工艺成就了一座里程碑。

灵魂人物

虽然卡尔·弗雷德里克·舍费尔及卡洛琳·格罗斯·舍费尔于2001年才连任公司主席，

珠宝制作过程

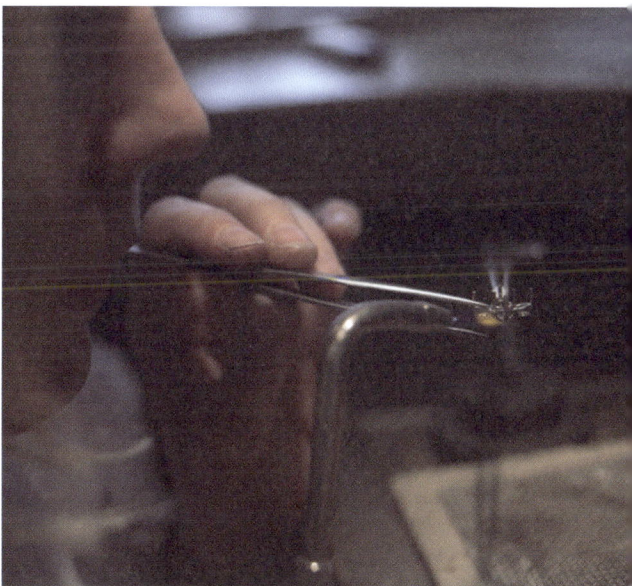

精益求精的制作

珠宝制作过程

各种工具的应用

但是他们早在 80 年代已参与公司业务，并立下汗马功劳。兄妹两人各司其职，掌管不同范畴，卡洛琳最为人熟悉的业绩，莫过于确立了萧邦的珠宝发展。

1985 年，卡洛琳初加入公司时，萧邦尚未涉猎珠宝，宝石、钻石等只用于装饰腕表。拥有过人设计天赋的卡洛琳以"快乐钻石"为灵感，设计出一款小丑首饰，这件充满幽默感的处女作不但成为品牌首件配饰产品，也深受大众喜爱。它的成功造就了戴蒙德快乐首饰系列的出现，为品牌吸引了大量年轻顾客，更为卡洛琳铺设了稳健的发展台阶。

卡洛琳凭借其设计才华，历史性地把萧邦由一个腕表主导的品牌，转为腕表及珠宝双线发展的品牌。她所成立的珠宝部门及高级珠宝部门已成为公司业务的重要一环。她创立了五个主要高级珠宝系列，包括卡丝莫（Casmir）、玫瑰人生（La Vie en Rose）、普希金（Pushkin）、科帕卡巴纳（Copacabana）及 709 麦迪森（Madison），使品牌在奢华珠宝界稳占一席位。

卡洛琳巧妙地利用电影世界化作萧邦首饰的展示舞台，她不单赞助电影，更成为戛纳电影节的合作伙伴，为获荣誉的影片设计及制作金棕榈奖，并赞助众多参展女星的所需首饰。除了戛纳电影节，英国电影学院奖颁奖典礼及威尼斯电影节等亦不难发现萧

艾尔莎·泽贝斯坦（Elsa Zylberstein）佩戴萧邦珠宝

邦首饰的芳踪。卡洛琳与电影的密切关系，造就了红地毯珠宝系列的诞生，让品牌于红地毯上熠熠生辉。萧邦于 25 年间跻身首屈一指的珠宝商，卡洛琳绝对居功至伟。

然而，卡洛琳的贡献不仅于此。她从 90 年代开始也致力于女装腕表发展，并再度以经典的快乐钻石腕表为灵感，创造出了快乐运动腕表系列，拓展了女装奢华运动腕表的领域。而精钢与钻石组合的

伍吉娜·西尔维娅（Eugenia Silva）佩戴萧邦珠宝

成功，更成了制表业的传奇之一，至今此系列已成为品牌的经典之一。其他女装腕表系列，各具风格，当中个别腕表系列也有配套的首饰相衬，贯彻了卡洛琳对珠宝及腕表的热爱。

卡尔·弗雷德里克·舍费尔

相比之下，掌管腕表业务的卡尔·弗雷德里克·舍费尔就显得低调得多。卡洛琳就像娇艳的花朵，卡尔·弗雷德里克·舍费尔则像盘根的大树；如果说卡洛琳与电影结下不解之缘，那卡尔·弗雷德里克·舍费尔的挚爱必然是赛车。

卡尔·弗雷德里克·舍费尔对赛车情有独钟，萧邦于 1988 年开始便成为古董赛事 1000 英里拉力赛的合作伙伴，并特意推出 1000 英里拉力赛腕表以作纪念。每年这系列都会为赛事制作新的限量纪念腕表，生产数量跟该年份相同，凸显纪念价值。2002 年，品牌也曾担任蒙特卡洛"摩纳哥古董车大奖赛"的大会指定时计。

快乐钻石泰迪熊

卡尔·弗雷德里克·舍费尔一心要使萧邦成为独立的高级腕表制造商，故采用垂直一体化的生产策略。目前萧邦共有三个厂房，各司其职，位于普福尔茨海姆的厂房负责首饰及一般腕表的制作，弗勒里耶负责 L.U.C 高级腕表系列，而梅林的厂房负责处理贵金属零件。通过完善的厂房设备，萧邦掌控了从零件生产至腕表组装的整个生产过程，是瑞士少数真正的独立制造商。

而弗勒里耶表厂的建立，更是一个明智的决定。1996 年，卡尔·弗雷德里克·舍费尔决定把公司迁回品牌的发源地——弗勒里耶，并推出 L.U.C 腕表系列，开始自主研发 L.U.C 机芯。1997 年，第一枚 L.U.C1860 腕表推出，配置 L.U.C1.96 机芯。3 年后，2000 年，拥有四个发条盒的 L.U.C 卡特罗腕表面世。此后，L.U.C 的腕表接连推出，每每带来惊喜，而萧邦的高级制表形象也越趋成熟。其中于 2003 年推出的 L.U.C 陀飞轮（Tourbillon）更是品牌腕表技术的新里程碑，而 L.U.C 调节器（Regulator）、L.U.C 月相（Lunar One）等各有独到之处。

卓越的并非成就本身

公司总裁卡尔·弗雷德里克·舍费尔回忆道，"我们的确制造了很多零部件，但不是手表的零件，这个是我们的理念中欠缺的部分"。生产自己的机芯才可以打造完全属于自己的品牌，并且只有全部零件来自本厂才能成为令人向往的制造品牌，这不是件容易的事情。1996 年，公司在一个有着手表制作传统的小镇弗洛伊利尔，设立了高科技制造中心。经过 3 年的辛勤工作与不断的试验和测试，完完全全由自己设计、生产的新机芯，于 1996 年诞生了。

红地毯系列珠宝制作过程

红地毯系列珠宝制作过程

红地毯系列珠宝制作过程

红地毯系列珠宝制作过程

手表拥有宝玑平衡弹簧和 22 克拉的黄金微型转芯，它通过了极为严格的测试。只有通过了这种检验，才允许在表上印由日内瓦手表制造局授权的"日内瓦指定手表"的字样。1997 年，"L.U.C 1860"男士手表由专业记者和手表零售商推荐，当选为年度最佳手表。

2000 年 3 月，萧邦推出了采用 1.98 机芯的"L.U.C 卡特罗"。这种机芯在市场上可谓绝对的创新，因为它运用了四膛（2×2 互叠式），使得该手表可以达到 9 天的能量储备。注册了两项专利发明，加上日内瓦印记，保证了这款手表无法复制的品质。机芯的设计致使手表可以走得更为准确，也为它赢得了瑞士官方精密时针测试院所颁发的证书（COSC）。

L.U.C 后盖系列是世界上唯一拥有微型齿轮的自动机芯手表。它的表壳是弧形的，时针镀了金，银色的刻度盘沿用了 L.U.C 一贯的风格。这款独特手

表的开发和生产代表了萧邦的手工艺
者积极上进的挑战能力。在将运动和
技术特质相结合方面，他们也做出了
同样的努力。在该款特型自动机芯的
发明中，萧邦极大地保留了其原有的
传统风格。卡尔·弗雷德里克·舍费
尔评价说，"真正成为了手表'制造者'，
使得萧邦在男士手表市场和高级手表
制造领域中得以重新定位"。

　　2004 年巴塞尔世界钟表珠宝展览
会上，萧邦发布了"L.U.C 调节器"。
萧邦的一位副总裁非常欣赏这款精致
的秒针时钟，尤其是它的调节盘。那

王欣（Xin Wang）佩戴萧邦珠宝

萧邦红地毯系列珠宝

些珍贵的精密仪器和萧邦同
样精确的腕表结合得非常自
然，所以将之取名为"L.U.C
4R——调节长罗特"。时针略
微指向"3"，但是萧邦不满
意仅仅做到这样，因为这样
会破坏刻度盘的对称性。所
以弗雷德里克加上了第二根
时针（24），并通过表壳边沿

萧邦红地毯系列珠宝

的推动杆来进行调整。第二根指向"9"，比较符合逻辑，每天绕轴转一圈。专家们意识到，对于旅行者来说最好的手表能有两个时间，一个是本国的时间，一个是当地的时间。这种功能对于常常要打国际长途的人来说，实在是无比珍贵的。

　　真正奠定萧邦国际名牌基础的，是 1967 年推出的"快乐钻石"系列。当化身为雪花状、心形等

不同造型的昂贵钻石，如顽童般在手表镜面里互相追逐、嬉笑玩耍时，不禁让人的心情也跟着轻松快乐起来。

　　这样别出心裁又独一无二的设计不仅打开了珠宝手表设计的另一扇窗，改变了宝石仅能静态镶于表面的呈现方式，也让人们在赏玩珠宝表时多了几分趣味。这一大胆独特的创造取得了巨大成功，赢得了 1976 年德国巴登金玫瑰奖，这是世界上拥有至高荣耀的一个手表奖项。凭借着这个快乐又深具创意的设计，萧邦在顷

萧邦红地毯系列珠宝

刻之间便斩获了家喻户晓的广泛认知度，并在顶级珠宝表界赢得了很高的地位。可以说，快乐钻石在萧邦的历史中具有里程碑式的非凡意义。其实，快乐钻石是将传统工艺和创新设计合二为一，创造了一个奇迹，并使它成为萧邦珠宝表的著名标签。用快乐钻石来诠释萧邦，既惊艳又感叹。

关于声名显赫的快乐钻石的来历，有两个不同版本的传说。

版本之一：一位叫罗纳德·库

萧邦红地毯系列珠宝

萧邦红地毯系列珠宝

洛夫斯基（Ronald Kurowski）的设计师，在工作之余无意间瞥了一眼工作台上几颗经过打磨的颗粒钻石，于是便被那无拘无束、摇曳炫目的光芒所深深吸引。喷涌的灵感忽然降临，他便立即动手将几颗大小相同的钻石镶上金环，封闭于一个环状水晶玻璃圈内，再把玻璃环套在一只小巧的两针古典金表外，并用金圈加固，配上表带，快乐钻石表就这样诞生了。它外缘的那几颗钻石，随着手腕的动作时时地游走，闪烁出星星点点诱人的辉光。甚至连迷信的赌徒也看中了它，认为戴着快乐钻石能够时来运转。

版本之二：设计师罗纳德·库洛夫斯基有一天漫步于德国黑森林时，顺着道路来到瀑布前，看着成千上万的小水滴在湍急河水激荡中喷出，让他突发奇想，"如果钻石不再是固定地镶在座子里，而是可以像生命般自由快乐地转动，那该多好！"结果，他真的做到了。经过仔细的琢磨，他在手表与钻石间放上一层蓝宝石水晶镜面，然后再把钻石以 18K 金包起来。就这样，一颗颗钻石果真开始自由自在地在手表里滑动，既不妨碍看时间的功能，还增添了乐趣。

萧邦红地毯系列珠宝

不管哪个版本的故事是真实的，又或者都不足以为信，都不能让人否认快乐钻石表的确美丽非凡，个性时尚。令人可喜的是，工艺考究、设计奢华的萧邦也有平易近人的一面，如专为时尚动感的年轻一族设计的运动型腕表。历经百年风华的萧邦，正不断地给我们新的惊喜。

后记

通过不懈的努力，萧邦终于在手表及珠宝界站稳脚跟，逐步成为首屈一指的品牌之一。不止于手表方面的成绩，萧邦珠宝方面也取得了骄人的成绩。

萧邦的产品风格是工艺考究和时尚动感，它的主题产品有女士和男士手表。这些产品适合中国广大的消费者。萧邦的产品在上海、广州和大连开设萧邦专门店，展示最新的产品。萧邦的产品在全国各大城市的萧邦授权专卖店销售，包括北京、上海、深圳和广州等。

萧邦红地毯系列珠宝

萧邦品牌大事记

1860 年，路易斯·尤利斯·萧邦在瑞士的汝拉地区创建高精准钟表制造企业，主要生产怀表和精密计时表。

1920 年，萧邦转到日内瓦和扩大优质手表的生产。

1963 年，卡尔·舍费尔收购，他是一个具有三代历史的金

萧邦红地毯系列珠宝

匠兼手表匠家族的第三代传人，拥有一个 1904 年建立的德国企业卡尔·舍费尔，这个德国企业是专门生产艾兹卡（ESZEHA）品牌珠宝手表的。自从卡尔收购了，原来两个品牌的生产线就被统一起来。

1967 年，推出的"快乐钻石"系列在现代珠宝史上留下了不可磨灭的印记。此时，萧邦正在生产它的优质男式高端黄金表。

1974 年，企业离开日内瓦市中心搬到了 Meyrin，萧邦开始强化创作女士手表和珠宝手表的能力。

1980 年，推出第一款皮

萧邦红地毯系列珠宝

萧邦宝石

带运动表 St.Moritz。

1985 年，快乐钻石系列手表加入了其他宝石版本。

1988 年，萧邦开始和在意大利每年举行一次的 1000 英里拉力赛古董和经典拉力赛合作创作了 1000 英里拉力赛手表系列。完美地结合了精准的手表制作技术和运动型设计。

1993 年，推出幸福运动系列，不久这个系列成为萧邦最突出的女士手表系列。

1996 年，公司的重心回归到它的老本行，建立一个新的手表制作厂，专心研制 L.U.C 机芯。

1997 年，第 一 枚 装 有 L.U.C1.96 机 芯 的 L.U.C1860 手表被瑞士杂志《手表激情》（MONTREPASSION）评选为年度最佳手表。

1998 年，萧邦成为戛纳电影节官方合作伙伴。

2000 年，装 有 L.U.C1.98 机芯的 L.U.C 卡特罗手表首次呈

杨紫琼佩戴萧邦珠宝

现在世人面前。这个新机芯，装有 4 个发条盒，可以提供难得一见的 216 小时即 9 天的动力储备。

2003 年，推出完全由萧邦制作的 L.U.C 陀飞轮新型号，这是首个萧邦自力更生生产的 L.U.C 陀飞轮机芯，代表了高端钟表技术发展的重要新成就。

2004 年，创造了高级珠宝蝴蝶系列。

2007 年，为庆祝第 60 届戛纳电影节开幕以及萧邦与戛纳合作的第 10 个年头，曾为电影节重新设计金棕榈奖杯并由开启了双方合作之门的卡洛琳·格罗斯·舍费尔，推出了首个红地毯珠宝系列。

钻石与心形切割蓝宝石组成的五排项链

格拉夫（GRAFF）：钻石之王

"非洲希望"

导语

提到格拉夫的名字或许你多少会有点陌生，但是每当翻开时尚奢侈品杂志，突出的绿色背景，以及光鲜亮丽的珠宝首饰，便会让你眼前一亮。是的，它就是格拉夫。虽然品牌的历史没有想象中的那样悠远绵长，但是今天格拉夫在珠宝界所享有的地位仍然不可动摇。你不得不承认，在短短数十年的发展中，格拉夫已经成为珠宝界不可或缺的一员。

格拉夫的起源

格拉夫于 1962 年由劳伦斯·格拉夫（Laurence Graff）在伦敦哈顿花园（Hatton Garden）开创，迄今已发展成为全球顶尖珠宝品牌，全世界设有

30 多家珠宝店，在伦敦、纽约、日内瓦等地设有办事处。

　　格拉夫 15 岁的时候曾在哈顿花园当学徒，学习制造半宝石戒指样品。为了让戒指品质升级，他开始采用小钻石，其后的钻石越用越大。由于客户渐增，他常带着自己的设计旅行世界各地，所造珠宝也愈见贵重。1966 年劳伦斯·格拉夫凭着一件镶有紫水晶、祖母绿和钻石的精美手镯获得了

1987年创作的波达罗兹钻
（ Porter rhodes ）

2008年创作的成品宝石

他一直向往的钻石国际大奖，这是由德比尔斯公司（ De Beers Consolidated Mines ）赞助的年度奖项。1966年的大奖赛中，来自23 个国家的 321 个设计师一共递交了 1495件作品，评审团以美感、原创性、对物料使用的想象力以及作为女性珠宝的可佩戴性为评判标准，一共选出了 26 件最佳设计。英国政府也注意到了格拉夫在海

外所获声望，于 1973 年给他颁发了"英女王企业奖"（Queen's Award for Enterprise）。格拉夫是第一位获此殊荣的珠宝商。此后，他又另获三项勋章。

格拉夫于 1974 年在骑士桥（Knightsbridge）开设了第一家较具规模的珠宝店，接待来自世界各地的客户。90 年代，他在技艺和风格上精益求精，于 1993 年在伦敦新邦德大街（New Bond Street）设立新店。由于生意兴隆，格拉夫乃生海外增设分店之念。随后，他在蒙特卡洛、高雪维尔（Courchevel）、伦敦、纽约、东京、香港、上海、北京陆续增设据点。目前他在全球各地设有 30 家店面。

在竞争激烈的国际钻石业中，格拉夫钻石公司是第一家以一站式的经营概念——从直接取得原石，一直到在自行经营的珠宝店中出售。格拉夫在约翰内斯堡、安特卫普、毛里求斯及纽约等地设有钻石处理工作坊，经手切割、打磨的钻石数以万计。至于格拉夫各地店铺里最贵重精美的珠宝，则大部分由格拉夫总部处理。

劳伦斯·格拉夫本人现在仍是这个国际品牌的象征。这是个家族企业，埃利奥特与儿子弗朗索瓦（Francois）、

幻想之眼（The Idol's Eye）钻石

胞弟雷蒙德（Raymond）、外甥埃利奥特（Elliot）等人共同经营，但他仍亲自监管——他一生为之着迷的——巨钻和珍稀宝石的搜寻工作，及其处理过程。

1989 年 4 月，劳伦斯以创世界纪录的价格购得一颗 7.05 克拉的梨形蓝钻和一颗 3.14 克拉的粉钻。澳大利亚的报纸对此作了整整一页的报道，刊登出这块 3.14 克拉粉钻的图片，标题是"一个英国人以创世界纪录的天价购得这块澳大利亚的国宝"。

格拉夫王朝

格拉夫王朝一词等同于世界上最珍贵完美的珠宝。格拉夫钻饰不仅精

帝国蓝（Imperial Blue）

温莎（Windsor）耳环

美绝伦，而且质量风格及工艺亦独步全球。劳伦斯·格拉夫——"钻石之王"，从年少之时即已对钻石情有独钟。他对钻石具有与生俱来的情感，已超越了物质的层面。

他说："这是我一生的挚爱。当我仔细鉴赏我的第一颗钻石时，我就被它深深地吸引了，神迷目炫，那种美感在我内心久驻不渝。"

格拉夫钻石公司是一家"真正

工匠在摆放和镶嵌钻石

的钻石公司"，"一站式的经营概念，从矿场一直到让女士们佩戴上格拉夫的珠宝。业务扩展自有其挑战性，而搜寻最完美的宝石更是极度艰难。搜寻完美珍贵钻石的工作是持续不断的，我们把这视为日常任务，不论是原石或已经打磨过的宝石，我们都在世界各角落全力寻觅"。

今天，格拉夫是南非最大的钻石生产商，在约翰内斯堡拥有最大的打磨及切割工作坊，雇用 300 余位工匠。他们处理的钻石多得数以千百克拉计，但只有最美的宝石才会进入世界各地的格拉夫珠宝店。格拉夫在安特卫普、毛里求斯、纽约等地也设有切割打磨钻石的工作坊。

珠宝不能只视为财富的象征，它也是情爱至高无上的礼赠。格拉夫珠宝系列的精髓有二：一是珍贵罕有；二是质量极高。所有格拉夫珠宝，均在自设的作坊中以人工精雕细琢，从设计理念到镶嵌，每一件珠宝均须耗费大量工时，甚至数百小时以上。工匠技艺极精，大部分由格拉夫自行培训，做工精益求精，唯以完美为念。

工作坊

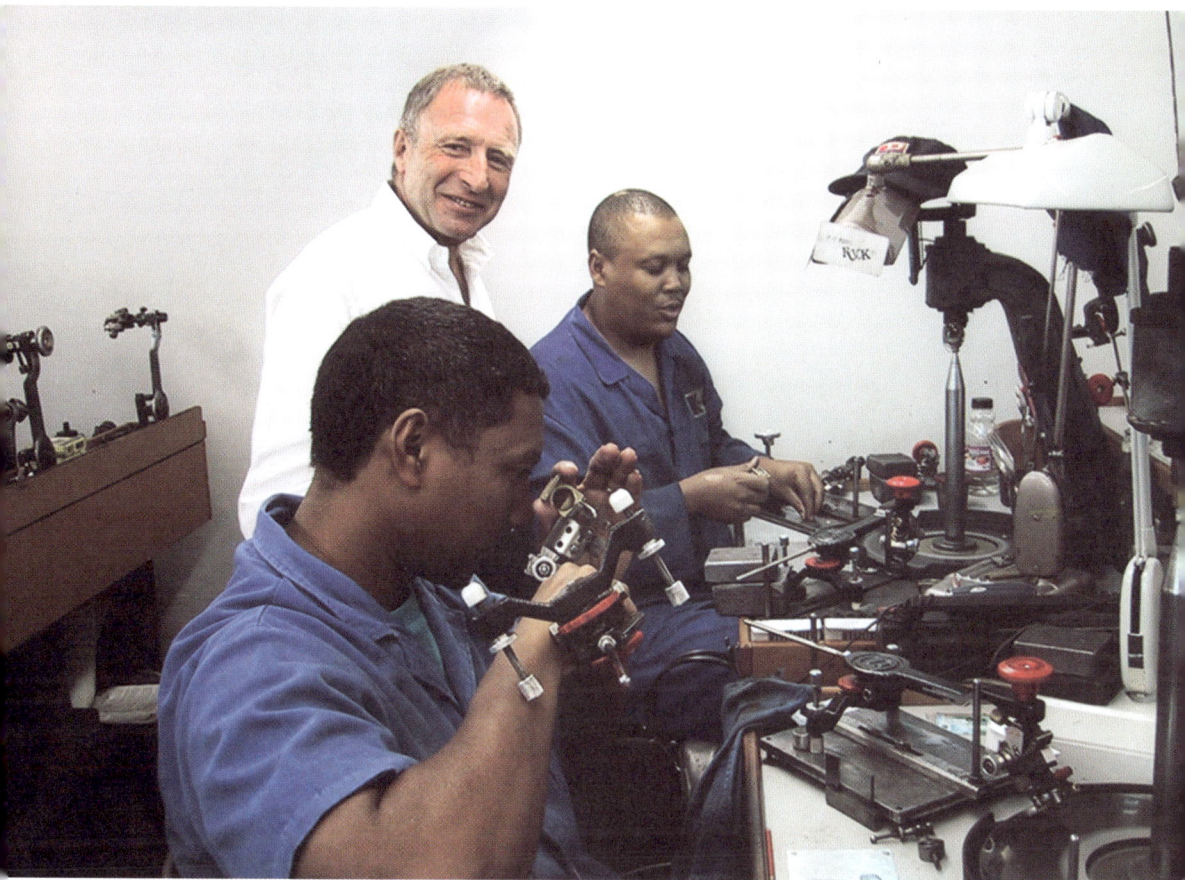

劳伦斯·格拉夫亲自巡视约翰内斯堡的打磨工场

这正是格拉夫珠宝的特色：始终追求卓绝品质。

格拉夫国际总部位于伦敦阿尔伯马大街（Albemarle Street）上，而旗舰店坐落在伦敦高级商店街新邦德大街。在海外扩展方面，格拉夫在美国、俄罗斯、中东等地设有珠宝店，使品牌成为国际知名的豪华标记。全球各地目前已有 30 多家珠宝店；东京旗舰店已于 2007 年开幕，而日内瓦、香港、纽约等地的旗舰店也于 2008 年陆续揭幕。而中国内地首家高级珠宝店则于 2010 年 1 月在上海半岛酒店开业。

格拉夫美国总部设于曼哈顿 61 东街 46 号，此乃格拉夫在全美各地陆续扩展之先声。格拉夫宣布于 2008 年上半年，在纽约麦迪森大道为新扩建的旗舰店开幕，面积倍增于之前店面面积。美国现有的格拉夫珠宝店分设于纽约、佛罗里达州的棕榈滩与巴尔港（Bal Harbour）、芝加哥、拉斯维加斯等地，也通过萨克斯百货（SAKS）精品公司设立销售渠道。格拉夫最近在纽约第五大道萨克斯百货内开设珠宝店。全世界所有格拉夫珠宝店的豪华陈设维持一贯风格，且均由劳伦斯·格拉夫亲自督导。

上海格拉夫精品店

著名钻石

这些年来，格拉夫所经手的世界上最美最珍贵的宝石多如繁星，如"幻想之眼"（The Idol's Eye，70.21克拉）；"马克西米利安帝皇"（The Emperor Maximilian，41.94克拉）；"波特·洛德斯"（The Porter Rhodes，54.04克拉）；"大非洲之星"（Le Grand Coeur d'Afrique）与"小非洲之星"（Le Petit Coeur d'Afrique，分别是70.03克拉与25.22克拉）；"温莎钻石"（The Windsor Diamonds，91.23克拉）；"帝国蓝"（The Imperial Blue，39.31克拉）；"非洲希望"（The Hope of Africa，115.91克拉）；"伊斯兰女王蓝钻"（The Begum Blue，13.78克拉）；"完美无瑕"（The Paragon，137.82克拉）；"萨菲亚"（The Safia，90.97克拉）；"萨拉"（The Sarah，132.43克拉）；"最爱"（La Favorite，50.01克拉）；"美洲之星"（The Star of America，100.57克拉）；

上海格拉夫店效果图

上海格拉夫店效果图

"金黄之星"配白钻项链

"金黄之星"（The Golden Star，101.28 克拉），以及"莱索托之星"（The Star of Lesotho，53.11 克拉）等等，以及粉红钻、蓝钻、黄钻、纯白钻等各色泽毫无瑕疵的宝石。其中有些美钻问世已数百年，经历过传奇与沧桑；有些则出土未久，在格拉夫自设的作坊里绽放璀璨光芒。令他们足以自豪的是：他们知道这些具有永恒意义的稀有宝石，必将代代相传，在岁月中写下自己的传奇。

格拉夫起初便是以购得其他钻石来制作自己的珠宝作品。这么多年来，格拉夫依然保持着这项工作，并在此期间购得了数枚价值连城的名贵钻石，并将其打造成稀世珍宝。1979 年 10 月，劳伦斯·格拉夫购得重达 70.21 克拉的"幻想之眼"钻石，这是世界上已知的最大天然蓝钻。在之后的 1980 年，劳伦斯·格拉夫购入曾经

红宝石戒

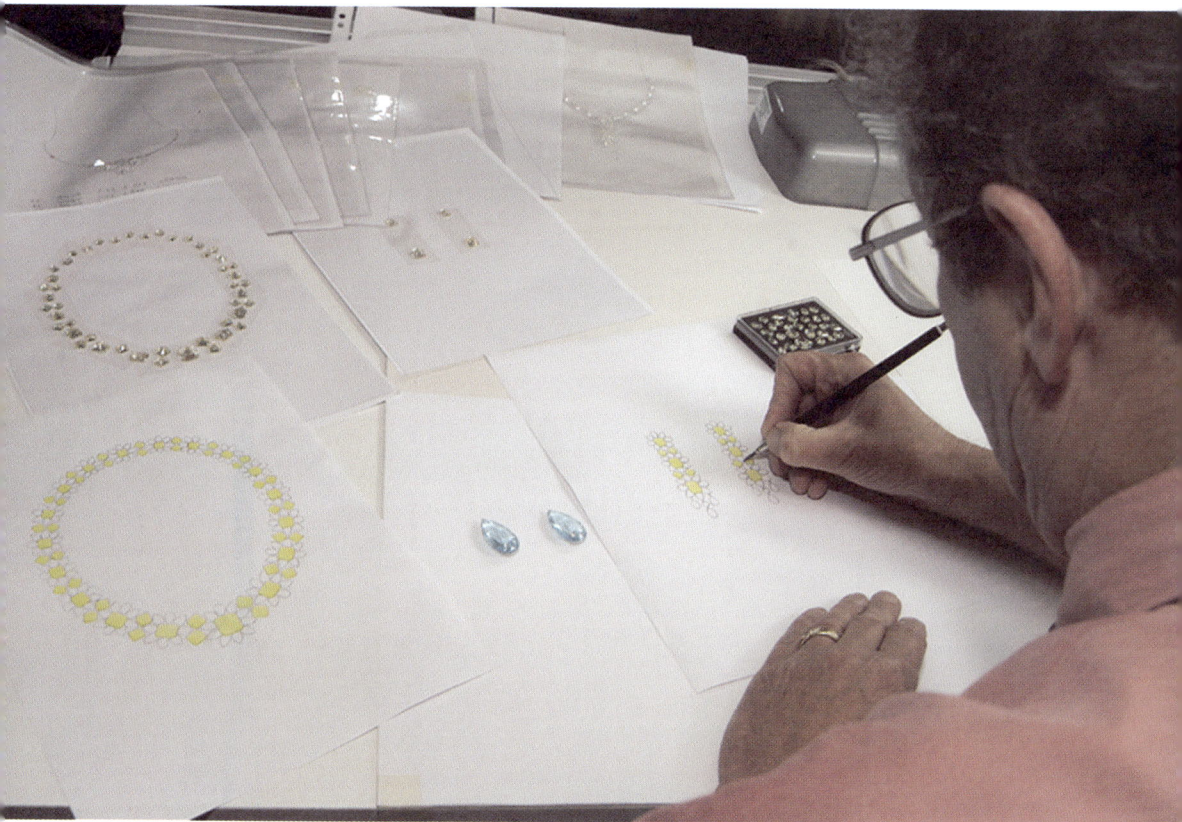

设计师在各款黄钻及白钻前设计珠宝，并以绽放每颗钻石的光芒为设计理念

属于马尔伯勒公爵遗孀的 45 克拉的"马尔伯勒"（The Marlborough）钻石。1982 年 4 月，劳伦斯·格拉夫购入 41.94 克拉的钻石"马克西米利安帝皇"（The Emperor Maximilian）。1984 年，劳伦斯·格拉夫购入 47.29 克拉的钻石"戈尔康达 D"（The Golconda D）。同年 4 月，格拉夫又购入一颗稀有的蓝色梨形钻石（16.47 克拉）。1985 年 5 月，格拉夫购入一颗独特的 55.91 克拉的完美无瑕、淡蓝梨形彩钻。

1987 年 4 月，劳伦斯·格拉夫购入辛普森夫人（温莎公爵夫人）的 19.77 克拉的祖母绿订婚戒指和名为"温莎钻石"（The Windsor Yellows）的淡黄色钻石耳坠。1987 年，格拉夫购入"几内亚之钻"（The Guinea），

设计草图

这颗 30 克拉的 D 级色度无瑕疵梨形钻石是从几内亚政府新近开采出来的一块 100.05 克拉的钻石原石上切割而来。1988 年 4 月，格拉夫购入 85.91 克拉的无瑕疵梨形钻石"永恒之光"（A drop of Frozen Light）。同年，格拉夫还购入世界上最罕见的 15.87 克拉鸽血红宝石——来自缅甸抹谷地区的"抹谷红宝石"（Mogok Ruby）。1990 年 6 月，格拉夫购得"金色泪滴"（The Golden Drop）——18.49 克拉的梨形鲜黄彩钻。1990 年 11 月，格拉夫购得一颗 6.19 克拉的圆形深蓝彩钻和一颗 4.77 克拉的橙黄彩钻，后者被镶嵌在一条项链上成为吊坠。1995 年 10 月，格拉夫购得镶有 6.68 克拉的稀有心形深蓝色无瑕疵钻石的戒指，这颗钻石现命名为"格拉夫蓝色之心"（The Graff Blue Heart）。11 月，格拉夫购得"伊斯兰女王蓝钻"（The Begum Blue），这颗 13.78 克拉的蓝色心形钻石曾经属于伊斯兰首领阿加汗（Aga Khan）。2003 年，购入巨钻"金黄之星"（The Golden Star）。这颗超过 101.28 克拉的枕形明亮型切工的鲜艳黄色彩钻，以其巨大尺寸、鲜艳颜色和至纯净度而闻名；其原石重达 204 克拉，来自于南非北开普敦（Northern Cape）地区著名芬什（Finsch）矿场。这颗钻石精细的切割打磨制作过程一部分在约翰内斯堡的格拉夫制作工坊进行，最终制作则交由纽约格拉夫工坊的钻石切割大师安东尼奥·比安科（Antonio Bianco）来完成。2005 年 4 月 13 日，在纽约索斯比拍卖行的"华丽珠宝"拍卖会上，劳伦斯·格拉夫拍得一颗重达 3.12 克拉的梨形浓彩蓝钻。之后，又购入重达 53.11 克拉的 D 级色度 VVS2 净度心形钻石"莱索托之星"（The Star of Lesotho）。其钻

图为打磨 "金黄之星"（重101.28克拉）

石原石重达 123 克拉，在莱索托北部莱索托（Mokhotlong）地区马卢蒂（Maluti）山脉的莱特森（Letseng）钻石矿场被发现；该矿场海拔高度在 3000 米以上，是世界上最高的钻石矿。切割打磨这颗华丽钻石的制作过程耗时长久，由格拉夫安特卫普工坊的专家团队完成。

　　同是 2005 年，格拉夫购入 190.72 克拉的钻石原石，制成"格拉夫纯黄"（The Graff Vivid Yellow Diamond）彩钻。切割打磨制作过程由纽约的工艺大师安东尼奥·比安科完成。2006 年，格拉夫购入迄今发现的第 15 大钻石——"莱索托诺言"（The Lesotho Promise），603 克拉的顶级彩钻原石。2008 年，购入迄今发现的第 20 大钻石原石——478 克拉的"莱森之光"（Light of Letseng），这是一块拥有最高等级的色泽度和净度的钻石原石。格拉夫将这些购得的稀有钻石闪耀全球，绽放绝无仅有的独特光芒。

位于伦敦总部的工作间

同时让这些宝石弥足珍贵的，是其中有很多宝石在腰边刻有"GRAFF"商标和独有的 GIA（美国宝石学协会）辨识号码。这一镌刻仅在 10 倍显微放大之下才看得到，绝对无损钻石净度。商标用以表明这枚宝石是格拉夫原厂出品，而 GIA 号码即其身份证明。最特别的一点，则是格拉夫的切割工艺——宝石因此而显出最完美的特质。

在达致完美和表现创意上，劳伦斯·格拉夫已设立业界难以望其项背的严格标准。有人说，他所经手过的宝石及美钻数量之多，同行珠宝商之中无人能及。

格拉夫在全球

世界顶级奢华珠宝品牌格拉夫继续进行海外业务扩展，在东京、香港、日内瓦、纽约相继开设旗舰店。

公司主席劳伦斯·格拉夫认为，在这些顶级的地点设置珠宝店是顺理成章的。格拉夫本人向来亲自参与新店的设计及建造，他说："建筑设计上洗练而不落俗套，反映了 21 世纪的现代感，同时也需保有伦敦旗舰店的古典风格。"店铺设计将雕塑质感和闪烁的光线尽量引入店内，此设计理念让人联想起珍贵的金丝笼、蜜蜂巢或宝箱，仿佛在引诱您，让人极想探窥这扇美丽的大门背后究竟藏了什么宝物。

半岛酒店集团在香港、纽约、芝加哥、比华利山、曼谷、北京、马尼拉等地的卓越服务使格拉夫屡获殊荣——东京半岛酒店则在 2007 年 9 月开幕——贯彻其完美、华贵以及最高水准的服务素质。

格拉夫东京店面位置极佳，坐落商业区"丸之内"，晴海通与仲通大道交汇处，皇宫和日比谷公园的对面，尤其是距离著名购物区——银座不远。

格拉夫香港半岛酒店素享世界最佳旅馆之一的美誉，具有无可比拟的古典富丽风味和优雅，待客之道则糅合中西文化之长。格拉夫 2008 年 1 月开始在这优美的气氛中提供极高素质的服务。

格拉夫日内瓦店面位于隆和大街（Rue du Rhone）——无疑是日内瓦最具华贵气息的区域，是最讲究时装潮流的人士群集之所，也是爱看俊男美女的人必至之地。格拉夫在这里的珠宝店面由三家店铺改建而成，拥有 103 平方米的零售店铺，于 2008 年 3 月揭幕。

格拉夫纽约美国旗舰店，面积倍增于之前的店面面积。格拉夫说："美国是高级珠宝的重要市场，这个新店最宜于呈现精致的珠宝首饰，为我们品位高尚的顾客服务。"

格拉夫上海中国内地首家高级珠宝店，位于新建成的半岛酒店，坐拥具历史韵味、拥有黄浦江及浦东醉人景色的外滩。

格拉夫珠宝系列的精髓：一是珍贵罕有；二是质量极高。公司采用一站式经营理念，从原石至完美的钻饰成品，全程自家制作，不假外求。所有格拉夫珠宝，从设计理念而至完美的镶嵌，皆以绽放宝石蕴藏的闪烁璀璨光芒为理念，均在伦敦工作坊以人工精雕细琢。

在达致完美和表现创意上，劳伦斯·格拉夫已设立业界难以望其项背的严格标准。有人说，他所经手过的宝石级美钻数量之多，同行珠宝商之中无人能及。

通过不断参与一些盛大的国际性展会、精品博览会以及钻石展会，公司的一些极品钻石珠宝逐渐走入全世界的视野。劳伦斯·格拉夫对卓越和创新的无限追求，已经在行业里成为了典范，建立了无与伦比的超然地位。据说，他所经手的重要宝石美钻数量之多，在当今珠宝业界无人能及。

格拉夫铂金玫瑰金心形粉红钻石配蓝钻石戒指

格拉夫银河系列
圆形白色钻石项链

后记

虽然格拉夫的历史相对较短，但是它在珠宝界所取得的成绩是大家有目共睹的。我们期待着格拉夫更多更完美的作品，不断地震撼人们的视觉神经和精神领域。

格拉夫年鉴（1953—2010）

1953 年，劳伦斯·格拉夫 15 岁，在哈顿花园当学徒。

1955 年，他在格雷维尔大街 19 号创立了自己的第一间工作室，开始做修补珠宝并用半宝石做小饰品的生意。最终他开始购买一些小钻石并制作自己的钻饰。

1962 年，劳伦斯·格拉夫开了一家"小的珠宝首饰"（La Petite Bijouterie）公司。

1966 年，他在哈顿花园 63—66 号开设格拉夫珠宝设计公司，并获德比尔斯公司赞助的钻石国际大奖。

1970 年，"发丝与珠宝"（Hair & Jewel）头饰系列问世，是价值连城的创作，由银色发丝和大量的钻石与宝石共同组成。

1973 年，格拉夫钻石有限公司正式成立，并发展成为全球领先的钻石品牌。

1973 年 2 月，公司正式在伦敦证券交易所上市，是英国第一家上市的珠宝商。

1973 年，格拉夫买下伦敦哈顿花园格雷维尔街 16 号的物业，设立了新的高精工艺制作工坊。那里集中了公司最有经验的工匠，他们当中很多人是格拉夫的学徒，熟练使用格拉夫引以为荣的精良的制作设备。

1974 年 10 月，对于格拉夫来说是一个转折点，他在伦敦骑士桥地区最高档的布朗普顿（Brompton）路开设了第一家零售专卖店，购入 47.38 克拉的"孟买之星"（Star of Bombay）。

1976 年，劳伦斯·格拉夫回购了格拉夫公司的股份，再次将公司私有化。

1979 年 12 月 3 日，在伦敦白厅（Whitehall）宴会厅举行"幻想之眼"（The Idol's Eye）钻石揭幕，肯特郡迈克尔亲王和王妃出席，为救助儿童（KIDS Chairty）筹募经费。

1981 年 11 月 23 日至 12 月 2 日，在新加坡的良木园大酒店（Goodwood Park）展示了重达 70.54 克拉的"苏丹阿普杜勒·哈米德"（The Sultan Abdul Hammid II）钻石。

1983 年 9 月，格拉夫对外发布两颗绝美无瑕疵的心形钻石：70.03 克拉的"大非洲之星"和 25.22 克拉的"小非洲之星"。

1983 年 1 月，3 颗举世闻名的钻石——"马克西米利安帝皇"、"苏丹阿普杜勒·哈米德"（The Sultan Abdul Hammid II）和"幻想之眼"被一位买家购得。在当时，这是所知的世上最大的一笔钻石交易。

1984 年，"帝国蓝"（The Imperial Blue）问世。这颗 39.31 克拉的钻石经由美国宝石协会认证，是一颗无瑕疵蓝色梨形彩钻。

1986 年 11 月 18—26 日，世界上最大的无瑕疵粉钻——72.79 克拉的"玫瑰皇后"（The Empress Rose）在香港的展览上亮相。

1989—1990 年，格拉夫在东京的大叶高岛屋百货开设珠宝店。

1993 年 6 月，格拉夫位于伦敦著名顶级奢侈品购物区新邦德大街的总部和旗舰店开业。这栋 19 世纪古典灰色石质建筑，装修精致，烘托出温暖气氛以及与这幢楼内的高级珠宝相映衬的奢华气质。

1993 年 11 月，格拉夫购得一颗华丽的 10.83 克拉的粉紫彩钻，取名为"格拉夫至尊粉钻"（The Graff Pink Supreme）。

1994 年，"钻石与恐龙"（Diamonds & Dinosaurs）——在自然历史博物馆举行的晚宴，为新的宝石廊筹资，宾客们在世界闻名的身长 26 米的梁龙骨架化石旁进餐、跳舞。在晚宴之前，格拉夫设鸡尾酒会，庆祝荣获女王企业奖。

1996 年，美国宝石协会建立劳伦斯·格拉夫钻石教育学校（Laurence Graff School of Diamond Education）。

1996 年 6 月 30 日，在赛伦塞斯特公园马球俱乐部举行格拉夫钻石沃里克郡杯马球赛，肯特郡迈克尔亲王和王妃出席。

1998 年 4 月 22 日，格拉夫钻石展在伦敦著名时尚俱乐部安娜贝尔（Annabel's）钻石周举行。

1998 年 9 月 18 日至 10 月 4 日，参加巴黎卢浮宫展览馆举办的古董双年展（Biennale des Antiquaires）。

1999 年 6 月 9 日，在伦敦赛恩世家（Syon House）举行了辉煌慈善晚宴"永恒炫钻"（Diamonds Are Forever）千禧年庆典，展示令世上美女最梦寐以求的华贵钻石。

1999 年 10 月 7—9 日，伦敦著名时尚俱乐部安娜贝尔（Annabel's）为格拉夫钻石举办慈善活动。

2000 年 9 月 15 日至 10 月 1 日，参加在卢浮宫展览馆举办的巴黎古董双年展（Biennale des Antiquaires）。

2001 年 5 月 1 日，参加"庆祝南非"时装秀，旨在赞助纳尔逊·曼德拉基金（Nelson Mandela Foundation）在欧洲推出。

2001 年 5 月 3 日，格拉夫在美国的第一家店在纽约麦迪逊大街正式开业。

2002 年 3 月 21 日至 7 月 14 日，精致宝石头饰展览在伦敦维多利亚及阿尔伯特博物馆（Victoria & Albert）举行，格拉夫借出一件总共 52.89 克拉的镶嵌有梨形、尖形和圆形钻石的头饰作为展品。

2002 年，名为"钻石与爱的力量"（Diamonds and The Power of Love）的巡展于 2002 年春季至 2003 年夏季在欧洲、日本和美国等地举行，格拉夫为此次巡展特制了"爱之结"（Love Knot）项链。

2002 年，格拉夫在被称作海上超级豪宅的奢华邮轮"世界号"（The World）上开设珠宝店，于威尼斯首航。

2002 年 5 月 22 日，伦敦骑士桥地区时尚中心司隆街的格拉夫珠宝店正式揭幕。

2002 年 9 月 20—29 日，参加在巴黎卢浮宫展览馆举行的古董双年展（Biennale des Antiquaires）。

2002 年，格拉夫在美国萨克斯第五大道精品百货连锁店部分门店开设特许经营珠宝专柜。

2002 年 9 月，在纽约第五大道设立行政及生产分支机构。

2002 年 9 月 12 日，格拉夫装修华美的新店在莫斯科自由爵士大街开业。

2002 年 9 月 8 日，格拉夫珠宝店进驻迪拜瓦菲城（Wafi City）购物中心。

2003 年 1 月，格拉夫美国办事处设立。

2003 年 5 月，格拉夫在伦敦阿尔伯马大街 28 号设立办公楼和制作工坊，以满足公司扩大规模的需要。

2003 年 8 月 1—17 日，参加摩纳哥双年展（Biennale de Monaco）。

2003 年 10 月 8 日，在迪拜的珠宝店正式揭幕。

2003 年 12 月，在棕榈滩开店。

2004 年 1 月 23 日，在棕榈滩的珠宝店正式开业，巨钻"金黄之星"隆重亮相。

2004 年 11 月 30 日，格拉夫芝加哥办事处开业，"美洲之星"首次亮相。

2005 年 4 月 12 日，克里斯蒂"华丽珠宝"拍卖会在纽约举行。劳伦斯·格拉夫购回一颗 50.01 克拉的 D 级无瑕疵矩形祖母绿切工钻石，该钻石曾由格拉夫本人于 1996 年卖出。

2005 年 4 月 28 日，格拉夫珠宝店在拉斯维加斯的永利酒店开业。

2005 年，售出巨钻"金黄之星"和"莱索托之星"。

2005 年 12 月，"莎莉娜"在俄罗斯圣彼得堡的凯瑟琳宫举行的儿童慈善晚会上首次亮相。

2006 年 2 月，一项红宝石的世界纪录诞生。"格拉夫红宝石"（The Graff Ruby），一颗重达 8.62 克拉的枕形明亮型切工的缅甸红宝石，以 367 万美元的价格售出，创下了每克拉价格 42.5 万美元的世界纪录。

2006 年 4 月 /5 月，位于纽约第 61 东街 46 号的新美国总部开业，办公楼面积达 12000 平方英尺。

2006 年 12 月 4 日，莫斯科第二家店在豪华村开业，举办了盛大的庆典。

2007 年 9 月，在东京开设了新的格拉夫珠宝店。

2008 年 1 月，格拉夫在香港的珠宝店开幕。3 月，格拉夫在日内瓦的珠宝店开幕。12 月，格拉夫纽约旗舰店经重新装修后开幕。

2009 年，以 2430 万美元的天价购入一颗"维特尔斯巴赫"钻石（Wittelsbach Diamond），发现于 17 世纪的灰蓝色彩钻。

2010 年 1 月，"维特尔斯巴赫"钻石进驻国家自然历史博物馆（位于美国华盛顿），这颗绝世美钻在该博物馆的展出将持续到 2010 年 8 月。格拉夫中国内地首家高级珠宝店开业，位于上海半岛酒店。

海瑞·温斯顿（HARRY WINSTON）：
明星的珠宝王国

短款古典风格钻石项链

导语

海瑞·温斯顿作为世界上最著名的珠宝制造商，在珠宝行业创造了无人能及的世界纪录和光辉历史。作为"钻石之王"（The King of Diamonds），海瑞·温斯顿在全球顶级珠宝行业中纵横超过一个世纪，不仅受到名人、明星们的大力追捧，就连皇室贵族也对其青睐有加。海瑞·温斯顿2007年登陆中国内地，在北京成立了第一家全新概念店。

神秘的家族

在最近一期美国《生活时尚》杂志当中的访谈里，雷诺谈到父亲海瑞·温斯顿亲手切割打磨并使公司声名远播的几颗大宝石。"父亲认为那时候的钻石市场已经可以接受较大克拉数的宝石"，他说："他所切割的第一颗大钻石应该要算是726克拉的琼格尔钻石（Jonker Diamond），这是南非波尔人雅各布斯·琼格尔（Jacobus Jonker）所发现的，并以他的名字为钻石命名。"琼格尔还发掘出了好几块了不起的绝世珍宝，其中最大的就是 142.90 克拉的祖母绿型（emerald cut）钻，另外还有 11 颗大小不等的同型宝石，每颗都令人赞叹不已，包括 41.30 克拉及 35.45 克拉的祖母绿型钻。他所切磨的第二颗大宝石是瓦加斯（Vargas），这颗钻石来自巴西，是以巴西总统的名字命名的。巧合的是，这块钻石居然

镶嵌钻石胸针

敞开的心形花环钻石链坠

也重 726 克拉整。这件事在钻石界简直令人难以相信，因为这种情形的发生几率大约仅有十亿分之一，不过它确实发生了！琼格尔将如此难得一见的巨大钻石切割成大型珠宝的成就，为他赢得了不少肯定与赞扬。

海瑞·温斯顿曾经说过："如果可以的话，我希望能直接将钻石镶嵌在女人的肌肤上。"海瑞·温斯顿对于钻石的狂热喜爱可谓溢于言表，人们更把他冠以"钻石之王"的美称。在近百年的经营中，海瑞·温斯顿公司拥有并买卖过 60 枚以上历史上最

重要的宝石，在传奇宝石珍藏领域中，甚至超越了诸多的巨贾和皇室。种种奇闻轶事使得海瑞·温斯顿本人及其品牌更具传奇色彩，这也是为什么众人将海瑞·温斯顿珠宝视为毕生珍藏的原因。

由于身价无法估计，海瑞·温斯顿被保险公司要求决不能被镜头拍下清楚的长相。他的真实面目也必须于过世之后才能公之于世。其子雷诺·温斯顿在继承公司之后也同样遵守着这项规定，从来不会正对镜头拍照。

璀璨的历史

海瑞·温斯顿珠宝王国有一段璀璨的历史。温斯顿珠宝是由现任负责人雷诺·温斯顿的祖父雅各布·温斯顿所创立的，起初不过是位于曼哈顿地区的一间小型珠宝与腕表工坊。

1890 年，大批的欧洲移民开始进入美洲这片新大陆开拓自己的生活，一位手艺精湛并怀揣梦想的珠宝匠也在这其中，他就是海瑞·温斯顿先生的父亲——雅各布·温斯顿（Jacob Winston）。起初，他将纽约作为自己事业开始的地方，并在曼哈顿地区开设了一间小型珠宝与腕表工坊，凭借其精湛细

花环系列钻石垂坠式耳环

花环系列钻石耳环

花环系列钻石项链

腻的技术与手艺，雅各布逐渐让这家小店变得远近驰名。在珠宝店成立 4 年之后，海瑞・温斯顿于 1896 年在纽约出生。雅各布・温斯顿所创立的事业后来由其子海瑞・温斯顿继承。受父亲的影响，海瑞・温斯顿从小就对珠宝怀有一份特别的感觉：12 岁那年，他便用 25 美分在一堆廉价的假宝石中挑出一颗 2 克拉重的祖母绿宝石，并在两天后以 880 美元的高价卖出。天资过人的他，20 岁不到就成为纽约钻石交易所的卖家，与生俱来的敏锐直觉和独到的眼光让他在这一行站稳了脚跟。由于海瑞・温斯顿天生具有优秀的商业手腕，对高质量钻石又有独到的眼光，他成功地将珠宝推

Incredibles马眼形
切工钻石手链

Incredibles系列帕拉依巴碧玺钻戒

Incredibles系列熏衣草紫尖
晶石旁衬沙弗莱石钻戒

销给纽约富裕的上流阶层，而且年仅 24 岁时就创立了第一家公司。1920 年，海瑞·温斯顿正式开启了他灿烂辉煌、繁荣盛大的珠宝王朝——在纽约的第五大道上创立了第一家珠宝公司，一段围绕着珠宝展开的华美传奇也就开始上演。

1949 年，海瑞·温斯顿从收藏者爱芙琳·沃什·麦可林（Evelyn Walsh McLean）处购得世界上最知名的一颗钻石——"希望之星"（The Hope Diamond）。艾斯德是著名的社会主义者，且拥有世界上最昂贵的几颗稀有宝石。海瑞·温斯顿先生特别为他本人所购得的宝石举办一次全美巡回展示，以协助美国畸形儿基金会（March of Dimes），为其"防治小儿麻痹"倡导活动募款。经过这次巡回展示，多数珍贵珠宝均售给各界人士，唯独这颗"希望之星"直接捐赠给华盛顿的史密森博物馆（Smithsonian museum）。海瑞·温斯顿先生将钻石直接以邮寄方式寄给博物馆，甚至不用挂号方式处理，因为这颗"希望之星"的惊人价值根本无从计算。

根据史密森博物馆的保守估计，每年有近 700 万人次到馆参观这件著名的钻石珠宝，因此"希望之星"除了它无可计量的价值之外，还可以说是全世界最多人参观过的物品之一。

传奇宝石

1949 年，海瑞·温斯顿先生在洛克菲勒中心发起一场名为"珠宝宫"的展览，展品不乏著名钻石，设计更囊括史上经典。这场史无前例的展览将所得善款捐赠给了"联合医院基金会"。1949—1953 年的短短 4 年间，"珠宝宫"在美国主要城市巡回展出，加上之后的一系列展览，海瑞·温斯顿为全球慈善团体募得数百万美元的善款。

百余年来，海瑞·温斯顿的珠宝王国制作了全世界最为璀璨的珠宝，引来王室贵族、好莱坞名流和全球大亨竞相

Lotus钻石戒环

经典温斯顿风格钻石项链

红宝石钻石项链

追捧。其中最为知名的美丽宝石有：

希望之星（THE HOPE DIAMOND）

希望之星的美令人屏息：在深邃的湛蓝色中泛着一点灰色调，周围以 16 颗梨形及枕形切割的白钻点缀，搭配 45 颗钻石打造而成的项链，观赏它的人都不由自主地被其深深吸引。这颗泛灰的湛蓝色宝钻重 45.52 克拉。这颗宝钻拥有一段传奇的历史：1642 年，宝石自其出生地印度起程，于 26 年之后

极细微密钉镶嵌钻戒

雷德恩切工金黄彩钻钻戒

投入路易十四怀中。路易十四称这颗宝钻为"法国蓝宝石"（French Blue）。在其后的 125 年里，这颗蓝钻一直是法国皇家御宝之一。

路易十四佩戴"希望之星"后不久便亡故，令这颗宝钻从此蒙上一层悲剧色彩。路易十五虽未曾亲自佩戴这颗宝钻，但曾将宝钻借与其情妇白礼女爵（Countess DuBarry）。法国大革命期间，女爵遭到斩首的噩运。而路易十六王朝时期

经典祖母绿切工钻戒

舞蝶系列海水蓝宝钻戒

经常佩戴这颗宝钻的玛丽皇后（Marie Antoinette），最后也难逃斩首宿命。

宝钻再次现世是在 1824 年。它的新主人是亨利·菲利浦·霍普（Henry Philip Hope），这也正是"希望之星"（The Hope Diamond）名称的由来。霍普曾将镶嵌"希望之星"的胸针借予其弟妻路易萨·贝尔斯福特（Louisa Beresford）出席公众舞会时佩戴。1839 年，亨利·菲利浦·霍普去世，此后 10 年间他的三位继承人就遗产问题诉诸法庭。最终，他的侄子获得了包括"希望之星"在内的所有珠宝。"希望之星"在 1851 年伦敦博览会以及 1855 年巴黎博览会上展出，其余时间则保存在银行保险库中。

20 世纪初，"希望之星"在欧洲几经易手，虽被多次切割造型，但宝钻的悲剧历史却并未终止。20 世纪 20 年代初期，宝钻由美国华府社交名流爱芙琳·沃什·麦可林（Evelyn Walsh McLean）拥有。后来，其

希望之星

蓝宝石钻石坠链

子遭谋杀，而其夫则被卷入政府丑闻。

海瑞·温斯顿于 1949 年购得"希望之星"。10 年之后，海瑞·温斯顿先生做出了一个人道主义决定，将宝钻捐赠给史密森博物馆海瑞·温斯顿展馆。从此，"希望之星"成为该博物馆最受欢迎的馆藏。

琼格尔钻石（THE JONKER）

726 克拉的琼格尔钻石是有史以来第七大未切割原钻。1934 年，钻石开采自南非的雅各布斯·琼格尔（Jacobus Jonker）农场。1935 年，海瑞·温斯顿于伦敦购得这颗宝石，却引发了关于如何将钻石安全运抵美国的激烈争论。海瑞·温斯顿先生花了 64 美分，用挂号信把钻石邮寄到了美国。琼格尔钻石是在美国切割的第一颗重要钻石。海瑞·温斯顿先生对这颗钻石珍爱有加，多年一直不愿将其

舞蝶系列浓橙柘榴石钻戒

舞蝶系列沙弗莱石钻戒

祖母绿型切工祖母绿钻戒
搭配马眼形切工钻石

赖索托一号钻

售出，而将其放入知名慈善展览中展出。最后，他在 1951 年才将琼格尔钻石售予埃及法鲁克国王（King Farouk）。

泰勒波顿之钻（THE TAYLOR-BURTON）

这颗钻石的传奇之美不仅在于 69.42 克拉的完美梨形切割，更源自传奇女影星伊丽莎白·泰勒。泰勒波顿之钻由一颗 241 克拉的未切割原钻切割而来。钻石 1966 年开采自南非的普列米尔宝石矿。保罗·安娜博格·爱曼丝夫人 1967 年从温斯顿先生手中买走钻石。两年后，纽约的一场拍卖会中，理查德·波顿（Richard Burton）买下钻石送给妻子伊丽莎白·泰勒，为人津津乐道。这颗宝石因此被叫做泰勒波顿之钻。 此后钻石被售予私人收藏家。

赖索托一号钻（THE LESOTHO ONE）

赖索托一号钻重 71.73 克拉，采用祖母绿切割。美国自然历史博物馆的珠宝矿石策展人乔治·哈洛（George Harlow）盛赞赖索托一号钻为"身世曲折精彩的罕有珍贵宝石"。这颗宝石 1967 年发掘于南非赖索托，原重 601 克拉。发现原钻的女子生怕因贩卖政府保护的珠宝而受罚，赤足逃逸整整四天。原钻最终由海瑞·温斯顿收购并进行了切割。赖索托一号钻是切割后 18 颗钻石中最为巨大的一颗。亚里士多德·奥纳西斯（Aristotle Onassis）购得重 40.42 克拉的赖索托三号钻，并将其镶嵌在赠与杰奎琳·肯尼迪（Jacqueline Kennedy）的订婚戒指上。

眼之光（THE NUR-ul-AIN）

重约 60 克拉的 Nur-ul-Ain 意为"眼之光"，是有史以来最大的玫瑰粉色椭圆形宝石，发掘自印度南部的戈尔康达（Golconda）宝石矿。1958 年，海瑞·温斯顿用这颗宝石为伊朗王室制作了眼之光皇冠，成为公司历史上最重要的一次珠宝创作。该款宝石皇冠出现于伊朗国王的婚礼之上。海瑞·温斯顿将眼之光宝石镶嵌于铂金底座上，周围簇拥着黄、粉、蓝以及透明的钻石，皇冠底座四周更饰有众多斜长方形钻石。

海瑞·温斯顿与奥斯卡星光熠熠相辉映

海瑞·温斯顿的客户包括了世界上最顶尖、最聪明及最富有的人们，但是基于尊重贵宾们隐私权，公司不打算公开他们的身份。在一些重要的社交公开场合、国际盛会当中，有许许多多的知名人士身上穿戴的都是海瑞·温

玛丽莲·梦露
（Marylin Monroe）

斯顿的珠宝。其中较为著名的有英国伊丽莎白女皇，埃及法鲁克国王，伊朗国王，英国温莎女公爵，黛安娜王妃，知名影星伊丽莎白·泰勒，菲律宾总理夫人伊美黛马可仕，美国地产大亨唐纳川普，知名影星索菲亚·罗兰，音乐教母玛丹娜，好莱坞金奖女星茱蒂·佛斯特、葛妮丝·帕特罗和茱莉安·摩尔等人，可谓是盖冠云集，更印证了海瑞·温斯顿不仅是"明星的珠宝"，更是上流社会的象征。

性感尤物玛丽莲·梦露和海瑞·温斯顿也有着密不可分的关系，在著名音乐剧《绅士爱美人》一片中，这位家喻户晓的美国巨星在《钻石是女人最好的朋友》的歌曲中提到不少其他珠宝的品牌名，但是歌曲最终，她特别强调地说道："海瑞·温斯顿……告诉我海瑞·温斯顿，告诉我一切的一切！"

在国际影坛的年度盛事"奥斯卡金像奖颁奖典礼"上，巨星们都会特别地装扮自己，因为在这个时候，好莱坞地区集合了来自全球各地的媒体。女星们想要受到媒体青睐，成为镁光灯闪烁的焦点所在，各个争奇斗艳。有

明星与海瑞·温斯顿

些重量级的女星会特别盛装打扮、穿戴自己珍藏或租来的海瑞·温斯顿珠宝出席这场颁奖盛会。仿佛是奥斯卡的传统一般，她们认为如此慎重地佩戴海瑞·温斯顿的珠宝，才能够让她们在获颁影坛最受注目的大奖时，显出与演艺成就一样光彩夺目的光芒。

1944 年起，海瑞·温斯顿首度赞助奥斯卡最佳女演员入围者，于典礼晚上提供首饰给当时的最佳女主角珍妮弗·琼斯佩戴。当琼斯上台的那一刻，她明亮动人的风采，给大家留下了深刻的印象。海瑞·温斯顿从那个时候起，就成为广为人知的"明星的珠宝商"。

1947 年，曾得过 4 次奥斯卡金像奖、号称为"美国影坛第一夫人"的凯瑟琳·赫本(Katherine Hepbum)在海瑞·温斯顿处看上了一件顶级的珠宝——原为拿破仑一世所有的知名首饰："探索之链"(Inquisition Necklace)。这件"探索之链"极为珍贵，正足以与凯瑟琳·赫本一生的成就相映生辉。

海瑞·温斯顿在 1966 年时，获得一颗 241 克拉重的未切割原钻。海瑞·温斯顿设计工作室利用这颗原钻,制作出 69.42 克拉的梨形钻,这颗独特的美钻,起初为爱曼丝夫人（ Mrs. Paul Annenberg Ames ）所有，后来在 1969 年的一场拍卖会当中，被理查德·伯特（ Richard Burton ）买下送给伊丽莎白·泰勒。这颗宝石正是如今人们津津乐道的泰勒波特之钻。

在近期的奥斯卡和金球奖颁奖典礼现场，也可以发现一些影坛上赫赫有名的风华女星们，在星光大道上穿着华丽、搭配海瑞·温斯顿高级珠宝首饰的美丽身影：在 2002 年的奥斯卡盛会中，我们看到芮妮·齐薇格（ Renee Zellweger ）、恩雅（ Enya ）、葛伦·克罗丝（ Glenn Close ）、海莉·贝瑞（ Halle Berry ）、蜜拉·索维诺（ Mira Sorvino ）等都成为海瑞·温斯顿的美丽代言人。

同年金球奖当中，知名华裔女星胡凯莉（ Kelly Hu ）和影片《艾莉的异想世界》女主角卡莉丝塔·佛拉赫特（ Calista Flockhart ）也搭配海瑞·温斯顿的首饰出席。

2003 年的奥斯卡上，身兼电影《芝加哥》女配角及流行乐坛嘻哈女杰的昆琳·拉提法（ Queen Latifah ），和以电影《时时刻刻》荣获最佳女配角的演技派女星卡西·贝兹（ Kathy Bates ），都选择海瑞·温斯顿作为晚会上最耀眼的搭配。在 2009 年的奥斯卡星光大道上，我们可以看到 3 位不同类型的成功女星以海瑞·温斯顿的饰品为她们的首选，分别是声名大噪的美籍华裔演员刘玉玲（Lucy Liu）、女星黛安·莲恩（Diane Lane）、美国性感国民天后费丝·希尔（Faith Hill）、家喻户晓的百老汇及大银幕老牌女星茱莉·安德鲁斯（Julie Andrews）。

　　除了与好莱坞明星们有着密切的合作，海瑞·温斯顿同样深受贵族皇室们的喜爱。1946年，海瑞·温斯顿首次与温莎公爵夫人会面，温莎公爵就曾对他说："我的朋友提到你有非常出色的珠宝……"这也说明了早已受到皇族们的肯定。不止温莎公爵，其中还包括英女王伊丽莎白二世、已故王妃戴安娜、沙特阿拉伯王储、伊朗国王和印度王储等……他们都会在国际重大场合中佩戴海瑞·温斯顿的珠宝，正因为皇族们对其青睐有加，海瑞·温斯顿才能蜚声国际，最终成为全世界著名的珠宝品牌。

　　以上的"海瑞·温斯顿之星"，她们不但在影坛上有着令人钦羡的成就和表现，而且她们所佩戴的海瑞·温斯顿的首饰，包括钻石、祖母绿、红宝石、蓝宝石或是珍珠，都是由海瑞·温斯顿所精心挑选搭配的，更显出搭配之人无以计量的身价。

后记

　　在仅百余年的历史中，我们见证了海瑞·温斯顿的完美蜕变。从最初的手工作坊，到如今的蜚声国际、享誉盛名的明星珠宝商，海瑞·温斯顿给我们带来的不仅仅是一件华丽的珠宝，更是一件件精美的艺术收藏品，永世传诵。

海瑞·温斯顿大事记

　　1896年，海瑞·温斯顿出生于美国纽约，当时他父亲在曼哈特的第一家珠宝店已经成立4年。

　　1920年，海瑞·温斯顿在纽约第五大道上创业。

　　1949年，海瑞·温斯顿买下"希望之星"。

　　1958年，海瑞·温斯顿将"希望之星"赠给华盛顿特区的史密森博物馆。

　　1972年，海瑞·温斯顿买下前所未有的第三大巨钻：重达970克拉的塞拉利昂巨钻。长达一年的切割过程场景获得全球电视转播。塞拉利昂共和国还发行邮票来纪念这件大事，让海瑞·温斯顿成为唯一在发行邮票上见到的珠宝商。1978年，海瑞·温斯顿逝世于纽约，其长子雷诺·温斯顿接掌公司。

1989年，海瑞·温斯顿推出了全新"顶级时表"（Ultimate Timepiece）系列。

1990年，海瑞·温斯顿设计出"百年皇冠"（Centennial Tiara）。这件首饰是由七颗色彩缤纷的钻石构成，总重达100克拉。

1996年，雷诺·温斯顿在北京紫禁城举行展览，这是中国政府和故宫首度核准此类展览。

2001年，海瑞·温斯顿推出前所未有的设计而造成轰动，与著名的手表师弗朗西斯·保罗·琼涅（Francois-Paul Journe）合作，推出欧帕斯一代（Opus1）腕表。

2007年，台北扩大原店规模，重新开幕全新概念店。中国北京成立第一家全新概念店。

御木本（MIKIMOTO）：珍珠之王

《珍珠》杂志在20世纪持续出版，每一期杂志的图案设计都配有一组
产品编号和产品描述，令人印象深刻

导语

提到御木本，第一颗联想到的词汇就是珠宝。是的，珍珠的王者御木本在百年的历史中，给我们呈现了无数令人叹慰的珠宝作品。在御木本的珍珠国度里，我们尽情享受珍珠带来的一切，不仅仅是一件件精美的珍珠首饰、作品，更是珍珠的历史、珍珠的文化。

话说珍珠

珍珠是一种古老的有机宝石，产在珍珠贝类和珠母贝类软体动物体内，由于内分泌作用而生成的含碳酸钙的矿物（文石）珠粒，是由大量微小的文石晶体集合而成的。根据地质学和考古学的研究证明，在两亿年前，地球上就已经有了珍珠。国际宝石界还将珍珠列为6月生辰的幸运石，结婚13周年和30周年的纪念石。具有瑰丽色彩和高雅气质的珍珠，象征着健康、纯洁、富有和幸福，自古以来为人们所喜爱。

一颗珍珠的形成近乎是

1905年的珍珠

1906年，御木本在东京银座四丁目开业

1913年，第一家御木本珍珠海外专卖店在伦敦落户，1916年在中国上海开设了专卖店

1926年在费城150周年博览会上展示的御木本五重塔，它的外形和用珍珠镶嵌的复杂制作工艺赢得许多的钦佩和赞美

一个奇迹。当一些杂质碎块意外地被珍珠贝咽下或者进入其体内，珍珠贝便会分泌无数层的珍珠质去围裹这些杂质直到最后形成一颗稀有珍贵的珍宝。珍珠的魅力自古便牵动人心，但人们长期认为珍珠是不可能生产制作出来的。然而，直到1893年御木本幸吉先生成功生产出世界上第一颗养殖珍珠，御木本便拥有了"珍珠之王"的美誉，并不断大放异彩。

饲养健康的珍珠贝是整个养殖过程的开始。御木本的专家对海洋具有无穷知识，他们会密切留意脆弱年幼珍珠贝的状况，对天气或其他自然环境的影响极为敏感。每一只珍珠贝都会被检测无数次以确保健康。

培植珍珠的关键是如何适当地把珠植入珍珠贝内。这些珠核将会为珍珠的核心。它们通常是来自美国密西西比河或田纳西河的淡水蚌，将其蚌贝加工制成小圆珠。然后，技术人员会谨慎地将珠核植入珍珠贝适当的位置。整个植入过程的精确度和质素对其后珍珠的形成都有重大影响。

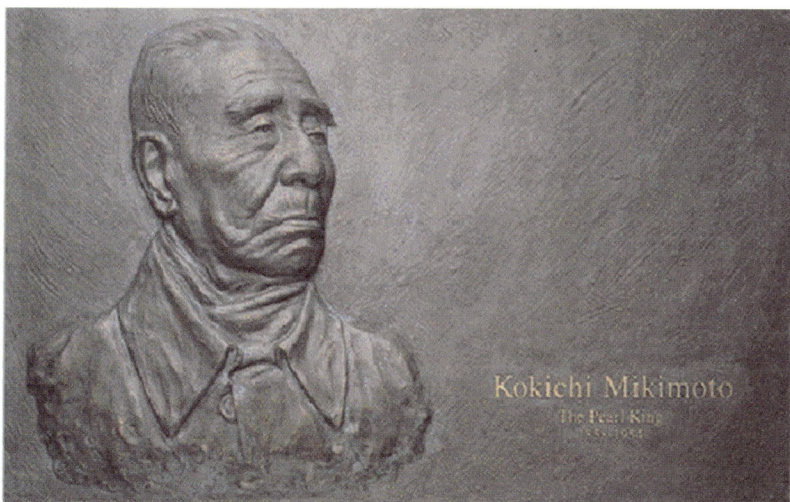

Kokichi Mikimoto
The Pearl King

"把全世界的女人都用珍珠装扮起来"

御木本幸吉先生（Kokichi Mikimoto）的真挚理想

圆形珍珠的完美化身：与发明家爱迪生的邂逅

耗费十几年的心血，御木本幸吉先生终于在1905年成功培育出世界上第一颗完美无瑕的圆形珍珠，并因此以人工养殖珍珠之创始人而为世人知晓。1927年，当他游历欧洲和美国时，邂逅了著名发明大王托马斯·爱迪生，并有幸拜访了他位于纽约的家。爱迪生对御木本先生发明的御木本珍珠赞不绝口："这不是一颗人工养殖的珍珠，它堪比真正的天然珍珠。我的实验室唯独两件物品是造不出来的，它们就是钻石和珍珠。而你竟能培育出珍珠，这无疑是世间奇迹之一，因为这本是生物学上难以实现的。"《纽约时报》报道了两人的世纪邂逅，一夜之间，御木本珠宝声名大噪。

左边：御木本幸吉先生，1927年他与爱迪生会面
中间：爱迪生写给御木本幸吉先生的信，标志着两位发明家之间关系的建立
右边：托马斯·爱迪生

已经植入珠核后的珍珠贝，便会随即送回海洋放置于一个区域内，例如安置在某个海湾，被柔和的波浪洗涤。其间，它们会被悉心看护照料以确保健康。随后，它们会被移送到富有营养浮游生物的近海地带，那里适宜珍珠

1932年，御木本先生在神户商业街前烧毁了720000颗劣质珍珠

生长。御木本专家会为珍珠贝清洗去除依附在珠贝之上的海洋生物和藤壳等杂质，并采取措施防范台风和红潮，监察水质温度和含氧量，以及用尽各种可行方法去为珍珠贝创造理想的生存环境。

在每年海水温度最低的冬季，珍珠贝会被收集到岸上以人手取出。这就是美丽亮泽的珍珠首见天日的地方。但并非每一颗收成后的珍珠都被采用做御木本珠宝。它们会经过严谨的鉴定分类过程，只有最优质的珍珠才会被挑选成为御木本珠宝。

百年历史

当时的《纽约先驱报》以"日本的珍珠养殖方法"为题报道了御木本幸吉先生的发明"他的发明使全世界的珠宝行业大吃一惊，对时装和服饰潮流产生了很大的影响。他养殖的珍珠，在光泽和品质方面，与天然珍珠没有任何差别"。从此，御木本被冠以"珍珠之王"（The Pearl King）的美誉。

1939年，御木本创作了由12250颗珍珠及366颗钻石镶嵌而成的"自由之钟"

1930—1933年，顾客挑选御木本珠宝

　　1905 年，御木本幸吉先生成功培育出球形珍珠，他觐见明仁天皇时说道："我有一个心愿：有一天要让全世界的女性都佩戴上珍珠。"这是御木本先生的真挚理想，也成为御木本历经 116 年承袭下来的品牌使命。

　　1906 年，御木本在东京银座四丁目开业。1907 年，御木本创立了御木本工厂，致力于打造御木本独具风格的珠宝首饰。这是日本首家设备齐全的珠宝厂，之后工厂搬迁至内幸町，在未来的几年内成为日本首家设备齐全、规模最大的珠宝厂。从御木本在东京银座开设第一家店起，御木本就深知一本优秀的产品目录册的价值所在。当你翻阅创刊于 1908 年的《珍珠》杂志时，必定惊讶于其极具原创性的封面设计以及字里行间流露出的清丽和时代感觉。

御木本珍珠有限公司与御木本珍珠公司合并，1974年，总部大楼被重新建造，被誉为当时最大的珠宝店

1975年御木本纽约精品店开业

《珍珠》杂志在20世纪持续出版，每一期杂志的图案设计都配有一组产品编号和产品描述，令人印象深刻。1913年，第一家御木本珍珠海外专卖店在伦敦落户。紧接着，也于1916年在中国上海开设了专卖店。1914年，御木本先生在冲绳的石垣岛（Ishigaki）开设了第一家培植黑唇珍珠的养殖场，1922年，御木本不惜一切派出一支研究队伍，深入南太平洋的珀鲁群岛（Palau）。凭着他们坚定的意志，御木本先生在1931年培植出一颗直径10毫米的黑唇珍珠。1926年在费城的150周年博览会上展示的御木本五重塔，它的外形和用珍珠镶嵌的复杂制作工艺赢得许多的钦佩和

赞美。1927 年，御木本幸吉先生与伟大的发明家爱迪生会面，爱迪生不禁感叹道："我的实验室唯独两件物品是造不出来的，它们就是钻石和珍珠。而你竟能培育出珍珠，这无疑是世间奇迹之一，因为这本是生物学上难以实现的。"

在 1927—1933 年的 6 年内，纽约、巴黎、孟买、洛杉矶和芝加哥先后开设了御木本专卖店。御木本伦敦店这一极品珍珠的代表，向世人展示了各种珍珠首饰的无穷魅力。20 世纪 30 年代，御木本专卖店经营的商品种类广泛，包括项链、戒指和其他的珍珠制品，同时在店内还设有待客厅，环境幽雅舒适，来访的顾客可以一睹各类珍珠的样品，领略珍珠制作的整个过程。1932 年，御木本先生在神户商业街前烧毁了 720000 颗劣质珍珠。御木本幸吉先生用行动来强调珍珠质量的重要性。1933 年，在芝加哥万国博览会上御木本展出的 1/60 微缩模型"乔治·华盛顿的诞生地"由 24328 颗珍珠制成，于博览会结束后，赠与史密森博物馆，至今仍在展示。御木本于 1937 年的巴黎世界博览会上展

1979年御木本完成了以中世纪罗马帝国皇冠为模型设计的珍珠皇冠Ⅱ号

1995年，伦敦精品店开业

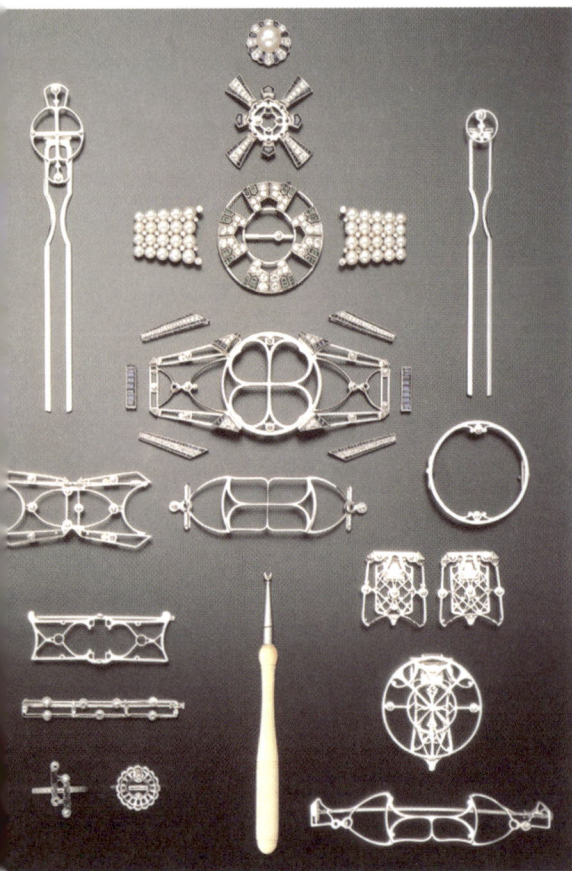

御木本于1937年的巴黎世界博览会上展示震惊四座的"矢车"（Yaguruma）多功能百变饰扣

示震惊四座的"矢车"（Yaguruma）多功能百变饰扣。Yaguruma（"矢车"，意指"箭轮"）是个多功能的百变饰扣，能够分拆成12件可替换的配件，开创多功能首饰设计的先河。其创意精巧的设计在当时已成为全场瞩目的焦点，这款饰扣采用多种金属及宝石制造，包括18K黄金、18K白金及铂金、3.48克拉钻石、8.47克拉蓝宝石、0.70克拉绿宝石及41颗珍贵日本养珠。1939年，御木本创作了由12250颗珍珠及366颗钻石镶嵌而成的"自由之钟"，并展出于当年纽约世界博览会，引起全世界高度关注。1972年，御木本珍珠有限公司与御木本珍珠公司合并，成立御木本公司。

1974年，总部大楼被重新建造，被誉为当时最大的珠宝店。1975年，御木本纽约店在曼哈顿地区第五大道开业。1979年御木本完成了

以中世纪罗马帝国皇冠为模型设计的珍珠皇冠Ⅱ号。其顶端有一颗橄榄形的南洋珠，镶有796颗日本养珠及17颗钻石（MIKIMOTO Pearl Island Co., Ltd.提供）。2000年，御木本与意大利设计师乔凡娜携手推出米兰（Milano）系列。对于

御木本于1937年的巴黎世界博览会上展示震惊四座的"矢车"（Yaguruma）多功能百变饰扣

御木本来说是一场积极尝试，也为御木本珠宝注入更多国际化的元素。御木本从 2002 年开始成为环球小姐的官方珠宝赞助商，为其所设计的后冠，全程在日本珍珠岛上制作完成。后冠仿似凤凰飞舞的活灵线条，奢侈地镶有 800 颗共重约 18 克拉的圆形切割钻石，搭配 120 颗南洋珠与日本养珠，每一年都为新任的环球皇后增添美丽。至今仍是环球小姐冠军得主的头冠！ 2005 年，由著名的建筑设计师伊东丰雄设计的御木本银座 2 正式落成。设计灵感源于神秘的珠宝盒，幻想出漂浮在珍珠中的泡沫和花瓣，将御木本珠宝旗舰店变成梦幻般的建筑。建筑表面用 12mm 的白色金属板包裹，像是美洲豹皮，冷峻

御木本上海恒隆店

御木本巴黎精品店

御木本从2002年开始成为环球小姐的官方珠宝赞助商

锐利。到了晚上，它被点亮成了五颜六色，因为它光滑的表面映出了四周建筑的霓虹灯，如同万圣节的南瓜灯，光影靡丽。外墙既是表皮又是支撑结构，非常的轻盈优美。伊东丰雄的御木本大厦，是进入钢板建筑时代的标志，这幢大楼也成为银座新地标。2007年，御木本于巴黎博览会上展出的"四季花卉"珍珠钻石头冠，以日本独有的四季应时花卉：樱花、

御木本北京星光店

瓏球花、大波斯菊以及水仙花为主题，镶嵌 3 颗白南洋珠及 34.5 克拉钻石。这 30 年见证了御木本建立自我风格的过程。2009 年，在瑞士巴塞尔世界钟表珠宝博览会上，御木本隆重推出了其最新的高级珠宝系列。此次御木本奉上的经典之作皆秉承其品牌精髓，由日本阿古屋养珠、白南洋珍珠、黑南洋珍珠以及金南洋珍珠奢华打造而成，它是御木本

2005年，由著名的建筑设计师伊东丰雄设计的御木本银座2（MIKIMOTO Ginza2）正式落成

高级珠宝经典设计与精湛工艺的绝妙邂逅，彰显大师级杰作的风范，体现御木本自 1893 年源远流长的珠宝工艺技术和对品质要求尽善尽美的品牌哲学。

2005年，由著名的建筑设计师伊东丰雄设计的御木本银座2（MIKIMOTO Ginza2）正式落成

2005年，由著名的建筑设计师伊东丰雄
设计的御木本银座2

与明星的不解之缘

117年前，首颗人工养殖珍珠正式诞生，在此之前，从没有人相信珍珠可以经过人工养殖的方式培养出来，就连美国著名发明家爱迪生都对这位日本发明者——御木本幸吉先生大力称赞。"珍珠之王"的美誉也从此与御木本画上了等号。至此，御木本开创了人工养殖珍珠与天然珍珠没有任何差别的传奇神话。

如今御木本珠宝在世界各地开设了120家分店，成为了极品珍珠珠宝的代名词，向世人展示了各种珍珠首饰的无穷魅力。在中国内地继1916年首次在上海开设专卖店后，这个世界顶级珍珠珠宝品牌续写在中国的传奇，从2004年开始，先后于上海、北京及沈阳开设了3家专卖店，将于2010年在成都仁恒置地开设形象店，将珍珠的淳美带给尊贵的中国客人。

2005年，由著名的建筑设计师
伊东丰雄设计的御木本银座2

御木本珠宝对经典品质与典雅完美有着永恒的追求，持续创始人御木本幸吉先生的愿望"要用珍珠装饰世界上所有女人的项部"，御木本有着比谁都更了解珍珠的自信，给正在寻找珍珠之美的你，提供珍珠的价值，珍珠的品质，珍珠的永恒之美。御木本无愧被誉为"珍珠之王"。

御木本与明星从来都有着不解之缘，珍珠的华

Milano系列

Milano系列

美映衬出明星的璀璨光芒，更突出女人的妩媚气质，"女人一生必须拥有御木本珍珠"。御木本独家创作珍珠珠宝，以其世界顶级品质的珍珠、创新的风格和优雅的造型为世人瞩目。每一款珠宝饰品都成为众人焦点，同时御木本凭借其世界领先的珍珠养殖技术和完美的珠宝制作工艺，使纯净、永恒、稀有的珍珠得以不断传承，散发着不同寻常的优雅气质。

缤霜美人阿古屋日本养珠钻石项链，阿古屋日本养珠5.5—9.5mm（530枚），钻石124.49克拉，18K白金，价值：93000000日元

铂金日本珍珠、安力士石、钻石戒指

汤唯于2007年出席台湾金马奖颁奖典礼时，也是御木本的珍珠钻石首饰作为陪衬。2008年，御木本150周年诞辰派对时，影星刘嘉玲佩戴御木本高级珠宝系列特长珍珠钻石项链出席活动。影视红星李小冉出席2008年御木本北京新光店开幕仪式，佩戴御木本白南洋珍珠、金南洋珍珠及黑珍珠珠链。著名影星蔡少芬出

席御木本沈阳卓展店铺的开幕剪彩仪式时，佩戴御木本高级珠宝系列珍珠首饰。

关于珍珠

分类：由于大自然的海洋或湖泊慢慢养育而成，每一颗珍珠也蕴含了独特的外表与特性。高雅的光泽和奇妙的色泽与形状，取决于它们在哪一种珍珠贝中孕育而成。每颗珍珠的出身，不单依照某珍珠贝贝壳的色素而定，也需要配合珍珠贝生长时的环境，如天气、水温等因素。海洋与珍珠编织出珍贵独特的故事。

养殖珍珠：采集自日本近海生长的阿古屋贝母，其魅力来自微妙的桃红色彩及光泽。颜色有粉红色系、银白色系、奶油色系。按珍珠贝的体积而定，大部分的珍珠直

铂金、日本珍珠、白南洋珠、红宝石、蓝宝石、绿宝石、钻石胸针

花盆形珍珠钻石铂金胸针，8颗阿古屋珍珠、红纹石、天青石、缟玛瑙以及1.3克拉钻石，价值：369000美元

径为 5—7 毫米。8 毫米或以上，则相当稀有贵重。

白／金蝶养殖珍珠：在众多珍珠种类中，白／金蝶珍珠又被称为"南洋珍珠"，是属于大颗类珍珠，它们大部分的直径超过 10 毫米，普遍来自养殖于介乎澳洲和印尼之间沿海水域的白／金蝶珍珠贝。除了一般的圆形珍珠外，有些形态呈水滴状。最常见的颜色为银白色，而在同类的金蝶珍珠贝中，则可找到稀有的金色珍珠。

尖橄榄形珍珠钻石铂金吊坠，10.61mm 南洋珠，8颗阿古屋珍珠，1.3克拉钻石，价值：12000美元

晶莹黑葡园：黑南洋珍珠钻石项链

黑蝶养殖珍珠：黑蝶养殖珍珠又被称为"黑南洋珍珠"。这些珍珠普遍孕育于日本冲绳县的中石恒岛对开水域和大溪地对开水域的黑蝶珍珠贝。它们有多种颜色，从柔淡的灰银色到纯黑。所谓的"孔雀绿色"珍珠，是指其独有的色泽与光泽，在基本的黑色中泛出绿色调子。它们以珍贵稀有并独特神秘的亮泽倾倒众生。

淡水养殖珍珠：大多产自中国的湖泊及河川所养殖的三角蚌，形状通常呈现米状或椭圆形。

夏日橙花：金南洋珍珠钻石项链，金南洋珍珠11.0313.96mm（23枚），钻石48.79克拉，18K白金，价值：53000000日元

2007年，御木本在巴黎世界博览会上展出的"四季花卉"珍珠钻石头冠

半圆形养殖珍珠：半圆形养殖珍珠大多数是从"马鼻"贝中养殖，因此亦常被称为"马鼻珍珠"。它们的养殖是通过植入半球形珠核，黏附在珍珠贝的壳体生长因而呈半圆形状。

海螺天然珍珠：采集自加勒比海和墨西哥海湾所产之大海螺贝中的粉红色天然珍珠，又称为"海螺珍珠"。从表面看来，有如火焰燃烧般的独特魅力纹理是其最大的特色。

珍珠的品质：即使在同一个水域的同一类珍珠母所孕育出来的珍珠，它们也会各自显示出特有的特质。单是基于这个因素，品质上的选择实在是种类繁多。御木本的美学标准要求严格，以至于在拣选过程中只有不足 10% 的珍珠可以幸存下来。而就是这种煞费苦心的经营才得以保证御木本珍珠的品质。

光泽：御木本的专家在拣选珍珠时首先注意其光泽。光泽的变化，由珠

御木本的高质量珍珠

面的圆浑度、珍珠层的均匀性，以及含杂质的数量而定。光泽的深度与珍珠层的厚度有密切关系，所以珍珠层厚度越厚的珍珠，往往能散发出越深湛的光泽。

珍珠层厚度：珍珠层厚度是指珍珠皮层的厚度。珍珠层越厚，代表珍珠品质越高，而这也是影响珍珠表面保持持久耐看的一个重要因素。珍珠层的厚度与珍珠孕育期的长短有关。珍珠孕育期越短，表示真实层厚度越薄。

表面：珍珠表面越光滑和越少瑕疵被评价为高质量。然而，每颗珍珠都会留下少许天然记号，并没有一颗完美无瑕的珍珠。

色泽：从"珍珠白"这个形容词可以联想到，珍珠主要呈现白色和乳白色。但阿古屋珍珠的色泽却有异于普通的白色，它包括有粉红色、蓝色、银白色

Kokichi Mikimoto
The Pearl King
1858-1954

御木本先生

和奶油色系品种，而那些着色最均匀的珍珠被认为是最佳色泽。

形状：珍珠形状越接近完美的球体，评价越高。但一些形状奇异或不规则的珍珠，包括那些弧度精致柔和的水滴形珍珠，也具有其独特的吸引力。

体积：当两颗珍珠同时具有相同品质，体积较大的一颗相对会有较高的价值。建议在拣选珍珠体积时，最好能切合首饰的设计与陪衬和个人场合的需要。

珍珠的保养：日常保养，黏附在珍珠上的汗水和灰尘会令它们失去独有的光泽，甚至会出现色泽转变。建议使用柔和的干布小心地擦拭它们。珍珠是极为精致的宝石,暴露于热力和紫外线下可能会损坏其品质,包括色泽转变。

香格里拉白南洋珍珠钻石项链，白南洋珍珠8.48—8.74mm（3枚）12.46—13.98mm（12枚），
钻石52.7克拉，18K白金，价值：70000000 日元

切勿让它们受阳光直接照射或暴露于高温下。珍珠表面由对酸性过敏的有机物质组成，因此若它们接触到某些物质，如醋、果汁或洗洁剂，须立即以软布抹拭干净。自然地，建议您在沐浴时避免穿戴珍珠。虽然珍珠极具凝聚性和抗震能力，但它们在"摩氏硬度量表"上只位列3.5到4.5度，因此它们在摩擦或接触到利器时可能会永久损伤。

收藏：建议您把珍珠首饰收藏在单独的珠宝盒内，尽量避免与其他珠宝一同摆放。

维修：御木本的珍珠项链是采用能吸收汗水和湿气的特别丝绒串成，避免珍珠因汗水受到损伤。然而，如把丝线牵扯或松开，它可能会突然断裂。假如您解开链扣，以单手持着时，发现珍珠串出现空隙，这是丝线牵扯过度的一种迹象。所以即使您并非经常穿戴您的珠宝项链，仍然建议您每年把丝线重新更换重穿。

御木本大事记

1893年，御木本幸吉先生成功地培育出半球状珍珠并成立了多德（Tatoku）珍珠农场。

1899年，御木本珍

意大利设计大师乔凡娜（Giovanna Broggian）
与御木本携手推出Milano系列

珠店在东京银座开张。

1901 年，御木本公司迁至东京。

1905 年，御木本幸吉先生成功培育出球形珍珠。

1906 年，御木本公司在东京银座四丁目开业。

1907 年，日本首家设备齐全的珠宝厂在东京筑地设立。

1922 年，御木本东京帝国酒店开业。在珀鲁群岛（Palau）成立了珍珠农场。

1924 年，御木本成为日本内务部指定皇室珠宝供应商。

1951 年，裕仁天皇驾临御木本的多德珍珠农场。

1952 年，御木本重组成立御木本珍珠有限公司。

1954 年，皇后驾临御木本的多德珍珠农场。御木本幸吉先生去世。

1962 年，御木本东京大仓酒店开业。

1963 年，御木本大阪店重组，成为分公司。

1965 年，御木本珍珠珠宝（香港）有限公司成立。

1966 年，位于东京银座二丁目的总部大楼建成。瑞士御木本珍珠有限公司成立。御木本名古屋店开业。

1972 年，御木本珍珠有限公司与御木本珍珠公司合并，成立御木本公司。

1974 年，总店大楼在银座四丁目落成。御木本珍珠伦敦有限公司成立。

1978 年，纽约店重组，御木本（美洲）有限公司成立。

1986 年，御木本法国公司在巴黎凡登广场成立。

1993 年，御木本人工养殖珍珠成功百年庆典：日本第一座珠宝专业图书馆——御木本图书馆落成。《御木本及其珠宝店百年历史》出版。御木本承诺给予日本野生动物委员会（WWF）以支持。两颗巨大的传奇珍珠在日本第一时间展出。御木本集团创立御木本海洋生态研究公益信托基金。

1994 年，御木本参加了在日本三重县举行的世界博览会。位于银座的 MIKIMOTO International 礼品店装修。御木本（英国）有限公司成立。

1995 年，纽约店迁至 57 大道。位于新邦德街御木本伦敦店开业。御木本大阪店在心齐桥开业。

1997 年，御木本礼品店在银座二丁目开业。科斯塔·梅萨店（Costa Mesa）在美国加州南海岸购物中心开业。

1999 年，御木本总店在东京银座举行百年庆典。

　　2000 年，位于东京迪斯尼乐园 IKSPIARI 的御木本礼品店开业。

　　大阪店、心齐桥(Shinsaibashi)店装修。横滨店迁址并更名为横滨元町店。御木本参加在东京国家科学博物馆举行的钻石原生态展。御木本里程店在横滨地标塔大厦开业。

　　2001 年，贝弗利山店开业。名古屋店迁址，并以前卫的设计理念重建。

　　2003 年，御木本人工养殖珍珠成功 110 周年纪念。六本木新城店开业。御木本大厦迁址。御木本（韩国）有限公司成立。马来西亚吉隆坡店装修。贝弗利山店迁址，并以前卫的设计理念重建。

1907年，御木本创立了MIKIMOTO Gold Work Factory致力于打造MIKIMOTO独具风格的珠宝首饰。

万宝龙（MONTBLANC）：与珠宝的不解之缘

汉堡杉岑区（"Schanzen"）的厂区

导语

提到万宝龙的名字，给人印象最深刻的恐怕就是万宝龙最标志性的书写笔。殊不知，万宝龙与珠宝、手表也同样有着不解之缘。万宝龙的手表、珠宝等也同样给世人呈现了诸多惊世骇俗的艺术品。

万宝龙的首席执行官贝陆慈曾经说过："万宝龙之所以可以成功，最重要的是我们的产品是可以延续的，它超越了时间和空间。人类之所以有今天的文化，是因为我们有传统。未来的传统也就是今天的创意，这是万宝龙品牌整个文化思维和哲学的中心。"

近一个世纪以来，万宝龙以制造经典书写工具驰名于世，万宝龙的名号代表着书写的艺术，笔顶的六角白星标记，恰恰是欧洲最高的山峰勃朗峰俯瞰的形状，象征着欧洲最高山峰勃朗峰（Mont Blanc）的雪岭冠冕，该山峰的最高点为海拔 4810 米，而每支笔尖上的"4810"字样正是勃朗峰的高度，该数字通常循环用作各种主题。而纯手工制作、经过 25 道工序打造的笔头，更使得万宝龙书写工具如勃朗峰般坚实而又高

早期店铺

早期店铺

美国总统奥巴马签署重要文件时都使用万宝龙墨水笔

贵。这也是万宝龙举世闻名的起点所在。

发展历史

古典与经典往往集一身。当科技在我们的生活中日新月异地发展时，古老文化的魔力演化成了心中的艺术品。"放缓脚步，尽享生命"正是万宝龙的哲学。在万宝龙的产品中，可以看到人类用时间磨砺出的精神光芒，看到一段沉淀了近百年的文化。

伊丽莎白二世（Queen Elizabeth II）

1906 年，万宝龙创建于欧洲，历经一个世纪，万宝龙已发展成为一个多元化的高档品牌，包括高档文化用品、珠宝、腕表、优质皮具、男士高级衬饰等。万宝龙的品牌代表着高雅恒久的生活精品，反映今日社会对文化、素质、设计、传统和优秀工艺的追求和礼赞，而优雅的六角白星标志已成为卓越品质与完美工艺的代表。

1924 年，万宝龙推出的殿堂级书写工具——大班系列，由万宝龙制笔大师手工精心雕琢而成，拥有的同时也是自我品位的表达。2000 年，万宝龙以波希米亚系列开创了书写艺术的新篇章。结合万宝龙传统工艺及现代设计的精髓，波希米亚系列特别为享受现代波希米亚式生活的人士而设——他们自信而不拘泥于传统思维，懂得享

20世纪初期图

1922年的飞机

1935年的海报

受成功的喜悦及生活的乐趣。其设计简洁流畅，小巧典雅，势必成为现代流行文化的新符号。

作为生活品位的倡导者，万宝龙的产品总可以让人感受到对人类伟大文化的敬仰。为向灿烂悠久的中国文化致敬，万宝龙特别在 2000 年推出了别具收藏价值的"千禧金龙年限量纪念墨水笔"，而另一款具有中国清代特色的"大清皇朝 2002 年限量发行墨水笔"也已面世。1992 年起万宝龙限量发行的"艺术赞助人系列"和"大文豪系列"，更是表达了万宝龙对历史上推动文化艺术发展的人物以及伟大作家的崇高敬意。

凭借瑞士首屈一指的制表工艺，万宝龙腕表系列将卓越传统和完美设计巧妙结合，18K 纯金、镀金、精钢和运动型腕表四个系列的准确计时杰作，以金制或钢制表壳陪衬晶亮的黑玉色表盘，表把的六角白星和表壳侧面镂刻的大班（Meisterstück）字样，传达出它与驰名世界的万宝龙笔品一脉相承的卓越品质。2009 年，万宝龙运动型腕表中的最新成员"快速飞返起动"自动计时腕表

1935年的海报

早期广告图

更被誉为创新功能与前卫设计的典范。

万宝龙皮具系列是欧洲精湛工艺的体现，以光滑柔润的法国小羊皮或意大利南部的小牛牛皮为原料，手工制造，确保牢固耐用，而皮具上的每个细节都能让人领略到万宝龙产品的精良考究和不凡价值。

万宝龙不仅用精心打造的精品创造高雅生活品位，还全力支持文化事业的发展。它于 1992 年建立万宝龙文化基金会，以一年一度的"万宝龙国际艺术赞助大奖"表彰全球范围内长期支持艺术事业的艺术赞助人。万宝龙还长期赞助和支持由多国青年音乐才俊组成的国际管弦乐队，以此弘扬高雅艺

1963年德国总理阿登纳把自己的万宝龙
大班笔递给肯尼迪总统

日本明仁天皇和皇后美智子

术，促进世界和平。万宝龙带给我们的除了不朽的精品，还有生活的艺术和哲学。

10年间，万宝龙很少脱离其旗舰产品大班钢笔的生产线，但近年开始建立新的产品线。最近万宝龙将波希米亚（Bohème）、先锋（Scenium）与星际行者（Starwalker）系列加入其生产线。

品牌精髓

万宝龙意指欧洲最高峰——勃朗峰（Mont Blanc）。

1924年，经典的大班系列墨水笔面世，巧夺天工的工艺及恒久隽雅的设计，儒雅气派，彰显出对书写艺术的钟情，备受推崇。此后的近百年时间里，该系列产品曾与无数风云人物一起指点江山，共同书写世界历史。该系列产品也完美诠释出万宝龙的品牌精髓：追求精准无误和特有的价值取向，如传统、细腻考究的手工工艺，对生命、思想、情感、美丽及文化等人文精神的礼赞。

作为世界两大奢侈品集团

汉堡的文具商克劳斯·约翰内斯·沃斯（Claus-Johannes Voss）、银行家克里斯汀·劳尔森（Christian Lausen）及柏林的工程师威尔姆·茨安博（Wilhelm Dziambor）

尼西米兹（Alfred Nehemias）

之一的励峰集团旗下的著名品牌万宝龙，如今已发展成为一个多元化的高档品牌。勃朗峰高耸入云的巍峨气魄，正好象征万宝龙工艺登峰造极和力臻完美的宗旨。

万宝龙可靠的书写品质与手工品质，以及长久以来强调完美感的要求，使得万宝龙在强调"高科技"的现今社会，愈显弥足珍贵。在人们的心目中，万宝龙已成为"高感受"的

万宝龙明星淑女系列吊坠
（五颗星形白石英、粉红石英及蓝玉髓）

诉求象征，一种优质生活的选择。

万宝龙与艺术

绝大多数顶级奢侈品牌是在为流行时尚创造风景，它们起源于时尚潮流。万宝龙完全不同。万宝龙起源于教育和艺术，是文化的一部分。作为百年的奢侈品牌，艺术和文化渗透到了万宝龙的血脉之中。

万宝龙赞助了许多文化艺术活动，其中包括赞助德国国际爱乐乐团、萨尔斯堡音乐节，以及设立一项鼓励和支持青年实验戏剧艺术的"万宝龙青年戏剧导演大奖"。万宝龙最广为人知的文化艺术活动是于1992年成立文化基金会后，每年举办的"万宝龙国际艺术赞助大奖"。这项大奖被誉为目前全球公认的唯一的文化艺术赞助大奖，以嘉奖和鼓励那些促进艺术繁荣和支持艺术人才的赞助人。至今，该奖项已表彰了世界各地近百位杰出的艺术赞助人。在中国，建筑设计师张欣、豫剧表演艺术家小香玉和民族舞蹈家杨丽萍等都曾获此殊荣。

万宝龙更委任了全球知名影星尼古拉斯·凯奇（Nicholas Cage）和英国著名歌剧家凯瑟琳·詹金斯（Katherin Jenkins）出任万宝龙国际文化艺术大使，共同将万宝龙卓越、优雅、以激情创意投入艺术的魅力风范完美演绎。

与珠宝的结缘

自 1995 年进军中国市场以来，万宝龙的产品已覆盖高级珠宝钻饰、瑞士制造的高级腕表、精美皮具、优雅书写工具等领域，其中书写工具于汉堡

克劳斯·约翰内斯·沃斯（Claus–Johannes Voss）

厂房制造，皮具工厂设于奥芬巴赫（Offenbach），位于瑞士里诺（Le Locle）和维尔莱（Villeret）的万宝龙制表工厂负责制造品牌的腕表，上述各类高级华贵产品完全为品位非凡的成功人士而设。

万宝龙得以成功拓展全球业务，有赖管理层坚守卓越素质及秉承欧洲传统工艺的品牌哲学，在产品设计上贯彻优雅及永恒美感的原则，每件产品上的六角白星标志成为品牌优秀传统的完美象征。

在经由 8 年的潜心研究以及对每一个角度、每一寸距离的苛求后，万宝龙终于创造了唯万宝龙独有的万宝龙星形切工钻石。

43 个截面经由身怀绝技的万宝龙珠宝工匠细心推敲打磨，以最完美的 4C（克拉、净度、色泽、切割）为标准，将钻石光线由内心深处层层折射；勃朗峰山巅六条冰川灵气四溢，永恒的美感经 43 瓣切面极致绽放⋯⋯

万宝龙珠宝定位高端，无论颜色或净度都采选最高品质，六角星钻石是万宝龙的专利切割。每一颗万宝龙钻石都由比利时国际宝石学院 IGI 鉴定并签发品质证书。IGI 是全球最大的独立宝石实验室。

1908—1925年的广告

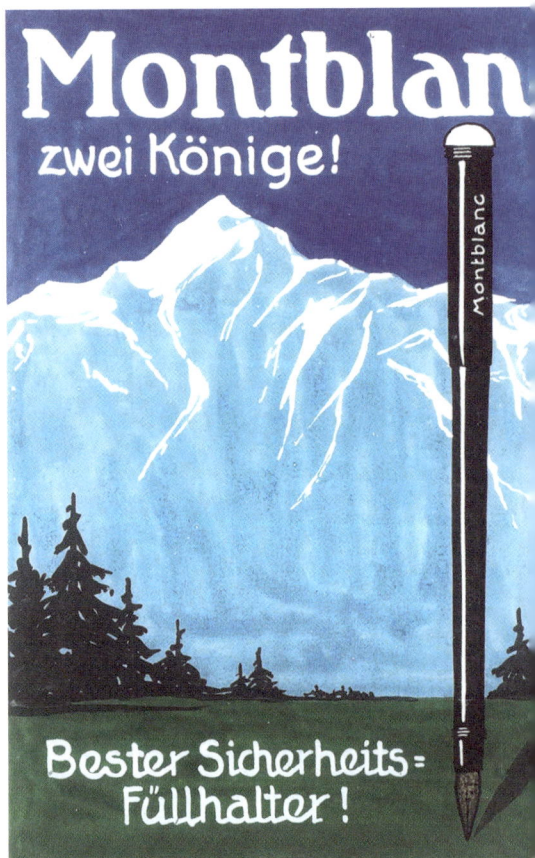

法国女星朱丽叶·比诺什（Juliette Binoche）佩戴万宝龙白雪美人魅幻之星白金镶钻戒指

经典系列

　　万宝龙的钻饰珠宝系列以原创意念见称。白雪美人魅幻之星（Etoile de Montblanc）延续白雪美人（La Dame Blanche）白金钻石系列的优秀工艺，而后者的优雅线条轮廓则脱胎自白雪美人女士书写工具。最新设计的戒指采用白金材质缀以黑色缟玛瑙或者白玛瑙，用钻石搭配，在设计和外观上令人眼前一亮。总重量达 0.8 克拉的装饰钻石由不同大小的圆形明亮钻石构成，凸显黑色或白色宝石与黄金的柔性美之间的强烈对比。另外，白雪美人 5 款戒指蕴含白雪美人名笔代表的独立女性特质，也糅合白雪美人珠宝系列的灵光与激情。法文 La Dame Blanche 为 "White Lady"（白雪美人）之意，是法国人对勃朗峰积雪山巅的赞美之词。白雪美人系列同样以星形美钻为设计主题，堪称女士钻饰珠宝系列中的杰作。白雪美人系列 18K 金戒指环上镶嵌独一无二的星形美钻。万宝龙星形钻石切割工艺令钻石的光华更闪烁灵动：钻石底部更展现另一枚星星轮廓，光彩闪烁，优雅无匹，价值永恒。万宝龙经 8 年研发，于 2006 年发表以六角白星标志为灵感的万宝龙星形美钻，向勃朗峰及六角白星标志所代表的品牌工艺传统及尊贵风范致敬。两款戒指中宝石的选择为纯白色或者醒目黑色，这不仅映衬出万宝龙的品牌身份，更是顶级珠宝世界中经典有力的颜色，令人联想到大胆性感或者纯粹宁静。5 款戒指中的每一款都彰显了女士珠宝佩戴的独特品质——优雅、成熟、自信。

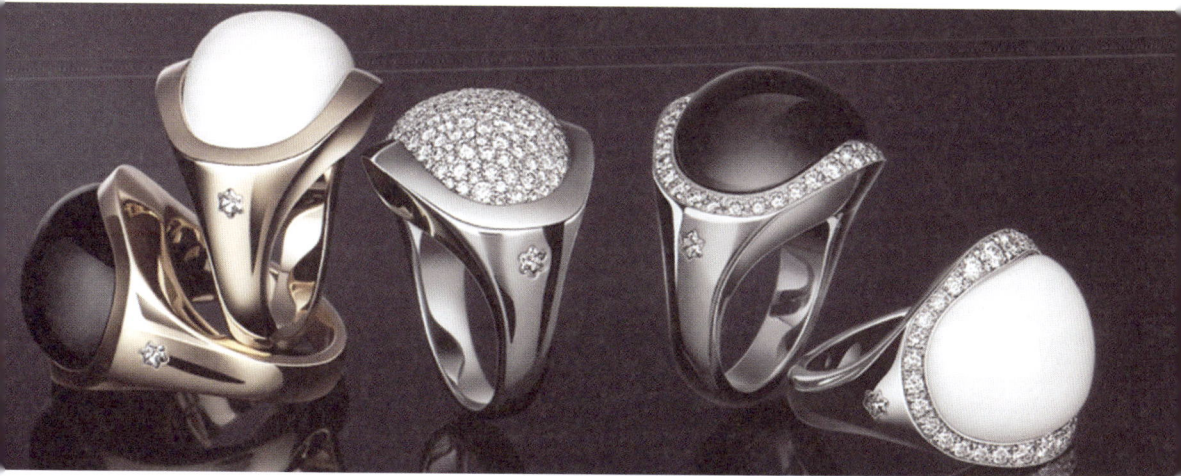

白雪美人魅幻之星钻饰珠宝

4810独家（Exclusive）钻饰珠宝系列

万宝龙钻饰珠宝国度中，4810系列无疑是最受欢迎的一员；由2009年7月起，此华丽家族加添全新的万宝龙4810独家尊贵系列，以华丽白金及红金铺镶美钻，3款戒指及两款手镯以顶级珠宝工艺精制，美钻更显光彩耀目。万宝龙资深工匠及镶石专家倾尽心血，为4810独家系列研制独家的镶石技艺，将不同大小的明亮圆钻完美铺镶于各式珠宝新品中。以系列中的手镯为例，平面外缘镶满大小美钻，光华闪烁；侧面美钻则大小相同，排列整齐有致，光彩同样迷人；深具曲线美感的外观脱胎自优雅的万宝龙六角白星标志，贯彻4810珠宝系列的设计主题。

万宝龙4810独家尊贵系列的白金及红金镶钻手镯各限量10件，均铺镶14.79克拉美钻，非凡身价不言而喻。同时登场的还包括3款镶钻戒指，当中包括一款18K红金钻戒及3款18K白金钻戒，各镶不同重量的钻石，最华贵的款式重达5.02克拉；其六角白星外形与铺钻手镯如出一辙，向品牌六角白星标志致以崇高礼赞。

2007年面世的4810珠宝系列以万宝龙六

万宝龙4810迷你系列（镶经典镂空星形环和心形金饰）

角白星标志为灵感；六角白星标志不但代表万宝龙优秀传统手工工艺及顶级尊贵产品，而4810这四位数字亦暗藏神奇密码：它不仅代表了欧洲最高峰——勃朗峰的高度（4810米），也是品牌工艺传统的象征。新亮相的4810独家尊贵系列以超越时间的铺镶钻石工艺展示品牌追求完美的理念，更将4810系列的精神提升至更高境界。

万宝龙4810迷你（Montblanc 4810 Mini）珠宝系列加推4款18K黄金手链及项链，该系列手链及项链设计充满时尚笔触，精美的金链条串起一颗颗玲珑星形金饰，光华闪动如妙曼舞曲；其中一款18K黄金手链镶三颗珍珠贝母六角星，秀丽简洁的18K黄金吊坠亦盈盈垂下一颗珍珠贝母六角星，那珍珠贝母的光泽仿佛如勃朗峰积雪山巅的一线冬日阳光，造型无不婉约娉婷。

另一款18K黄金手链串上两颗星形金饰及经典镂空星形环，于两枚心形金饰烘托下更觉俏丽；而18K黄金项链不但缀以镂空星形环，两旁4颗星形金饰与4颗心形金饰相间排列和谐有致，金光妙曼跃动，如一阕华丽乐章。

万宝龙4810迷你系列手链及项链的链扣设计同样富有心思，一双内侧镂空六角星形环扣交错贯穿，巧妙演绎品牌的经典标志。

万宝龙4810四季嘉年华戒指系列

万宝龙新近推出的4810四季嘉年华戒指系列（4810 Seasons-Carnival），为品牌的华贵高级珠宝系列添上瑰丽新色，令4810珠宝系列阵容更为丰富。深受欢迎的4810六角星形戒指脱胎自万宝龙的六角白星标志，而全新亮相的4810四季嘉年华系列八款戒指，以温润的18K金材质镶嵌闪烁圆钻或彩色宝石，擦出美妙火花，可谓4810戒指的一个华丽变奏。

大自然的壮丽奇观及万千色彩，为万宝龙提供了源源不绝的灵感：正如万宝龙六角白星标志源自慑人的欧洲第一高峰——勃朗峰山巅的六条冰川，而品牌也以勃朗峰（Mont Blanc）来命名；4810四季嘉年华系列则以自然界动人色彩为题，象征地球随太阳公转，大地色彩随四季循环而转变的自然韵律；而戒指镶嵌的宝石色彩由淡入浓，与季节徐徐推进的节奏呼应。

光华闪烁之冬、浪漫醉人之春、艳阳高照之夏、金风送爽之秋……4810四季嘉年华系列以季节命名，表达色彩分明、景致各异的四季气氛。冬：白金戒指镶蓝宝石及无瑕白钻，如隆冬天清气朗、万里无云的蔚蓝天色；春：

玫瑰金戒指镶粉红蓝宝石（刚玉）及马达加斯加红宝石，轻奏生机盎然的初春韵律；夏：耀眼的黄金与浓艳黄色蓝宝石（刚玉），闪出仲夏灿烂艳阳；秋：温润的玫瑰金与棕色钻石，勾起深秋大地丰盈之色。大自然迷人之色，令4810四季嘉年华系列更觉悦目，柔和的金属光华与亮丽的天然色宝石与不同肤色皆可相衬，也可与各式万宝龙珠宝首饰互相配搭，营造变化多端的时尚形象。

万宝龙4810四季嘉年华戒指——白金戒指镶蓝宝石及无瑕白钻

4810四季嘉年华系列戒指备有3毫米小号及5毫米中号两个尺寸，各具动人风采，令人一见难忘。

万宝龙明星淑女银饰系列

万宝龙推出明星淑女银饰系列（Star Grande Dame Silver Jewellery），为明星银饰系列带来悦目新风。新系列包括一款时尚纯银戒指及两款纯银项链，全部以星形圆拱面宝石为设计重心；此独特的六角星形圆拱面宝石出自万宝龙大师级珠宝工匠手笔，将传统的圆拱面宝石切割成万宝龙六角星形标志轮廓，鬼斧神工尽在不言中。

六角星形圆拱面宝石是万宝龙向冰雪盖顶的巍峨勃朗峰的致敬之作，而后者也是万宝龙品牌名称之源。虽然所有万宝龙珠宝系列的设计都脱胎自六角星形标志，当中却以2005年10月面世的明星系列先拔头筹。明星系列首饰气质鲜明，个性活现，为万宝龙向敢做敢为的当代女性的致敬之作。

淑女银饰系列新品是明星银饰系列中首次推出的纯银配石英款式，闪烁白石英、娇美粉红石英及深邃蓝玉髓3种天然矿石的美感活现于3个戒指中。两款项链其一为八角链节设计饰以一颗玲珑白石英吊坠；其二为爱德华时代流行的长项链款式，饰以五颗星形圆拱面白石英、粉红石英及蓝玉髓。

当代女性的特质与万宝龙的独特创意尽收于明星淑女银饰系列：分量十足的纯银象征女性的坚强个性，光滑亮丽的天然晶石则添上几

万宝龙明星淑女系列戒指

万宝龙明星淑女系列吊坠（一颗玲珑白石英）

分柔美之感，刚柔并重，纯美造工塑造经典淑女典范，却又与当今时尚潮流的娇美气质呼应。

万宝龙乐章（Melodies Precieuses）高级珠宝系列

万宝龙乐章（Melodies Precieuses）5款独一无二高级珠宝系列，以名贵白金及华贵美钻精镶而成，如诗如画的乐章颂赞永恒爱情。其中，"首次邂逅"（Première Rencontre）项链以星形钻石链接而成，绽放不朽光华；系列将闪烁美钻及黑尖晶石完美结合：典雅、精纯又不失含蓄。诗词、歌剧及法国歌曲的动人辞藻，蕴含对永恒情爱的渴望，荡气回肠让人回味无穷。万宝龙乐章高级珠宝是对经典情歌乐章的礼赞：白金美钻双辉映，分量十足的万宝龙星形美钻，独一无二、价值永恒，尊贵非凡，堪称完美无瑕的极品，与万宝龙品牌的核心理念如出一辙。

万宝龙"首次邂逅"戒指

"首次邂逅"系列

华贵光彩、纯洁动人——"首次邂逅"美钻晶光四射，触动深藏的激荡情怀：项链的一颗颗星星由 301 颗圆钻（10.54 克拉）串成，项链，色泽净度至臻完美，光彩恣意闪耀，叫人目炫；手链、戒指及耳环如出一辙，设计独一无二，彰显顶级钻石的永恒美态，万宝龙精湛宝石工艺尽在其中。

"夜的探索"系列

仲夏黄昏，夕阳西下，天际泛起斑斓霞光。"夜的探索"系列，以音乐

万宝龙"夜的探索"戒指

万宝龙高级珠宝"爱之颂歌"戒指

巨匠白辽士的浪漫乐章为灵感，演绎炎夏的晚霞光影：18K 白金手镯、戒指及耳环镶嵌的闪烁白钻及晶莹黑尖晶石各占半壁江山，强烈对比中显见日夜相对的深意；在白天与黑夜交汇之处，一颗万宝龙星形钻石如日中天，光芒尽泻，纯美的艺术触感，彰显非凡身价。

"爱之颂歌"系列

万宝龙以"爱之颂歌"系列，向法国歌后"小云雀"艾蒂丝·皮雅芙（Edith Piaf）的不朽情歌致敬：18k 白金精铸的手镯及戒指，黑白对称，象征高潮跌宕的热烈情感，精巧简洁的线条烘托中央一颗万宝龙星形钻石，散发魅幻光华。项链的环形吊坠不但延续着双色对比，亦象征了循环不衰的热烈爱情。

"小步态"系列

普契尼（Puccini）的《蝴蝶夫人》传诵后世，是古典歌剧的经典传奇。万宝龙从中撷取灵感，创制"小步态"系列，象征那年轻艺伎的迷人魅力。以白钻及黑尖晶石相间铺镶的戒指，垂下两条金链和一颗万宝龙星钻，随每个动人姿态微妙晃动，意态撩人；手链及两款长短各异的耳环亦采用相同设计，华丽玲珑，尽现万宝龙高级珠宝的艺术创意及大师工匠的精湛手工。

后记

历经一个世纪，万宝龙已经成为一个包括高级珠宝、腕表、优质皮具、书写工具、经典配饰在内的多元化奢侈品牌。巍峨耸立的勃朗峰，意喻万宝龙登峰造极的传统工艺和力臻完美的宗旨。而源自勃朗峰雪顶冠冕的六角白星标记，则象征着万宝龙品牌卓越不凡的品位与见地。每一款万宝龙杰作，都传递着品牌如勃朗峰般坚实而高贵的信念：以精湛工艺展现传统价值，以激情创意与投入，表达对艺术、思想、情感以及美的礼赞。百年来，万宝龙见证了无数的重要时刻，而许多万宝龙产品本身也成为了传奇的一部分。

万宝龙大事记

1906 年，万宝龙前身在德国汉堡由一位文具商创建。

万宝龙高级珠宝"小步态"系列

1908 年，新普填钢笔公司（Simplo Filler Pen Company）发表第一款高品质安全钢笔——"红与黑"。

1910 年，以"万宝龙"注册成为正式商标。

1913 年，六角白星标志诞生。

1924 年，万宝龙经典大班笔隆重面世。

1926 年，率先启用飞机广告，把万宝龙的名字载入"第三度空间"。

1929 年，在万宝龙大班系列墨水笔的心脏——笔嘴的位置，首次刻上了代表勃朗峰高度的数字——"4810"。这个数字也从此留驻在所有万宝龙大班系列墨水笔的笔嘴上，成为顶级品质的标志。

1934 年，公司正式改名为如今已享誉全球的"蒙特布兰公司"（Montblanc Simplo GmbH）。

1935 年，开始生产小皮件。

1946 年，万宝龙制作工厂在第二次世界大战期间被毁，但很快获得重建。在此期间，万宝龙墨水笔在丹麦生产。随着工厂的重建，海外代理机构也纷纷重新设立。

1955 年，万宝龙携出"60Line"墨水笔系列。本系列使用全新的设计风格，为万宝龙带来第二次世界大战后的首次重大成功，与传统的大班系列并驾齐驱。

1986 年，万宝龙推出著名的宣传口号："万宝龙——书写的艺术"，并迅速成为众多奢华品牌效仿的对象。墨水这一理想的书写工具在 20 世纪 80 年代开始复兴。万宝龙推出大班极品系列（Meisterstück Solitaire），也是大班的贵金属版本。在文学、芭蕾、音乐领域开展的众多国际赞助项目，标志着万宝龙全球艺术和文化事业的开始。

1990 年，万宝龙在香港开设首家精品店。继亚洲的初步拓展之后，欧洲首批精品店也在巴黎和伦敦开幕，标志着万宝龙全球精品店网络扩张的开始。今天，这一网络已遍及全球 70 多个国家，拥有超过 350 家精品店。

1992 年，推出限量发行的大文豪系列及艺术赞助人系列（又名帝皇系列）。同年成立的万宝龙文化基金，以一年一度的"万宝龙国际艺术赞助大奖"表彰全球范围内长期支持艺术事业的艺术赞助人，并长期赞助和支持由多国青年音乐才俊组成的国际管弦乐团，以此弘扬高雅艺术，促进世界和平。

1993 年，卢森堡的凡登奢侈品集团公司（Vendome Luxury Group S.A.）收购曾在 80 年代购入万宝龙主要股份的登喜路控股公司（Dunhill Holding），并将所有奢侈品公司整合在了一起。该公司就是如今的励峰集团（Richemont Group），全球第二大奢侈品集团，旗下包括卡地亚、梵克雅宝、江诗丹顿、积家等众多品牌。

1995 年，万宝龙拓展产品组合，推出适用于日常商务和旅行用的精致皮具——万宝龙大班皮具系列。此系列成为万宝龙品牌的第二大主力业务。

1997 年，万宝龙腕表系列进入市场。

1999 年，"万宝龙大班系列，75 年的激情与灵魂"——传奇书写工具 75 周年庆典。万宝龙全球第一家旗舰店也于同年在纽约揭幕。装饰 4810 颗钻石的皇家贵金属系列（Solitaire Royal）作为全世界最昂贵的书写笔被载入吉尼斯世界纪录。

2000 年，万宝龙以波希米亚系列开创了书写艺术的新篇章，设计简洁流畅，小巧典雅，成为现代流行文化的新符号。

蒂芙尼（TIFFANY）：伟大的传承

1837年的百老汇

导语

享誉世界的顶级珠宝品牌蒂芙尼创立于 1837 年的纽约，已经成为璀璨珠宝魅力以及纽约格调的象征。自创始之日起，蒂芙尼每一天都在履行自己的光荣使命——创新、探索、追求华美的设计。公司始终秉承创始人查尔斯·路易斯·蒂芙尼（Charles Lewis Tiffany）（1812—1902）形成的独特价值体系——品质、工艺、精美和创新。他强大的创作热情成就了美式奢华，并创造了终有一天征服整个世界的历

1940年新落成的旗舰店

史传承。蒂芙尼精彩的历史瞬间向我们展示了这一伟大传统的演变历史和传奇风格。

历史

蒂芙尼，美国设计的象征。以爱与美、罗曼蒂克与梦想为主题而风靡了

盖瑞（Gehry）正在工作中

第一层，高级珠宝及手表收藏

近两个世纪。它以充满感官的美以及柔软纤细的感性满足了世界上所有女性的幻想和欲望。蒂芙尼自成立以来，一直将设计富有惊世之美的原创作品视为宗旨。事实证明，蒂芙尼珠宝不仅能将恋人的心声娓娓道来，其独创的银器、文具和餐桌用具更是令人心驰神往。"经典设计"是蒂芙尼作品的定义，也就是说，每件令人惊叹的蒂芙尼杰作都可以世代相传。蒂芙尼的设计从不迎合起起落落的流行时尚，因此它也就不会落伍，因为它完全凌驾于潮流之上。蒂芙尼的创作精髓和理念皆焕发出浓郁的美国特色：简约鲜明的线条诉说着冷静超然的明晰与令人心动神仪的优雅。和谐、比例、条理，在每一件蒂芙尼设计中都能自然地融合并呈现出来。蒂芙尼的设计讲求精益求精，它能随意从自然万物中获取灵感并撇下繁琐和矫揉做作，只求简洁明朗，而且每件杰作均反

安吉拉·卡明斯（Angela Cummings）的
项链作品，创作于1980年

映着美国人民与生俱来的直率、乐观以及乍现的机智。

　　蒂芙尼是由查尔斯·路易斯·蒂芙尼于1837年在美国纽约创立。起初它只是一家小小的文具饰品店，但查尔斯却有伟大的理想和抱负，希望蒂芙尼能成为世界一流品牌。1886年，蒂芙尼首创的经典白金六爪钻戒，让全世界发现了饰品的原创美及极简风格的魅力。1970年，蒂芙尼在巴黎世界博览会上崭露头角便获得全球的瞩目，紧接着，它由第二代接班人路易斯·康福特·蒂芙尼（Louis Comfort Tiffany）领军积极参与世界盛会，并夺下了多项金牌而闻名世界。1979年，约翰·洛林（John

安妮·海瑟薇（Anne Hathaway）
和凯特·哈德森（Kate Hudson）

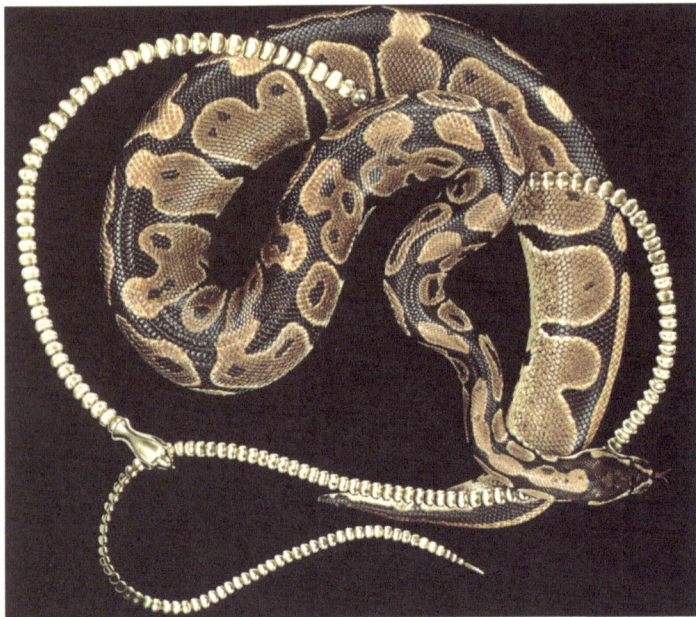

埃尔莎·柏瑞蒂（Elsa
Peretti）设计的蛇形项链

Loring）受聘为蒂芙尼第二任设计总监，他网罗众多知名设计师加入，成功
带领蒂芙尼成为世界知名珠宝品牌。

蒂芙尼非凡设计的灵感源泉：大自然

19世纪初，人与自然之间的关系构成了美式生活方式中的一个有机组成部分。这一关系孕育出一种亲近自然的创作氛围——艺术家、设计师和其他创意人士与周围的自然环境相拥共舞，从中汲取最鲜活的创作灵感。至19世纪70年代，蒂芙尼已走过了40个年头，当时的蒂芙尼实用艺术学校（Tiffany School of Applied

埃尔莎·柏瑞蒂设计的纯银瓶子

Art）是美国国内首批设计院校之一，就设在专卖店内，这里成为蒂芙尼设计师们寻找灵感的乐园。学校工作室引进了千姿百态的花草供学员写生作画，这些画作常常成为蒂芙尼珠宝或配饰的设计雏形。正如蒂芙尼创始人查尔斯·路易斯·蒂芙尼所说的："大自然是我们最好的设计师。"

这项具有"人才摇篮"性质的工作由蒂芙尼当时的首席设计师爱德华·摩尔（Edward Moore）主持，旨在培育具有创意才

1871年创作的鸟胸针（Bird Brooch）

华的学员成为优秀的设计师。欧洲是蒂芙尼创始人查尔斯·路易斯·蒂芙尼常往之地，在那里，他与社会名流往来言欢，研究时下流行趋势，把握欧洲时尚的总体走向。爱德华·摩尔也经常到访伦敦和巴黎，在一次旅程

18K金的金手镯

中，他发现了日本文化的艺术之美，自此便沉迷其中。摩尔搜集了大批日本设计资料及设计作品，并随即将其中的许多元素融入自己的作品中。牡丹、鸢尾花、樱花、鹤、蜻蜓、鲤鱼——亚洲的各色花鸟鱼虫齐齐亮相于摩尔的银制品设计之上，而当时的欧洲印象派艺术领域尚未兴起这股东方思潮，就连梵·高的日本风格画作也只能算是"后来者"。

第五大道的入口

凭借非凡的创意，蒂芙尼在创新和设计领域迅速跻身于世界前列。

波尔丁·法纳姆（Paulding Farnham）是摩尔最钟爱的学生之一，他凭借精美绝伦的珐琅设计在业界塑造了声望。20出头的他就对时尚拥有敏锐的洞察力，捕捉到了当时一个流行信号：兰花。这些稀有植物被视为身份地位的象征，引得富人们争相求购——其中自然不乏蒂芙尼的客户。波尔丁·法纳姆

1878年，从法国皇冠上购买的蒂芙尼宝石

设计的珐琅金质兰花系列包括 24 款作品，并在 1889 年的巴黎世界博览会上隆重发布。该系列在博览会上摘得了金奖，这不仅令法纳姆和蒂芙尼得到了设计界的充分认可，而且也为喜好兰花的客户创造了新的追逐目标。

随后的数十年间，蒂芙尼将其崇尚自然的优良传统不断发扬光大，这股潮流随着让·史隆伯杰（Jean Schlumberger）1956 年的上任达到了巅峰。这位生于法国的珠宝设计师与搭档尼古拉斯·邦加德（Nicolas Bongard）以暴风骤雨之势征服了整个纽约。著名时尚编辑戴安娜·弗里兰（Diana Vreeland）很早就发现了让·史隆伯杰的创作才华——只要他点头赞赏，整个纽约时尚圈都会掀起风潮。他的画室兼工作室就在蒂芙尼旗舰店内，设有专用电梯，让·史隆伯杰在这里创作了无数的传世之作，而其中大部分作品都体现了自然之风。

史隆伯杰设计每一件作品时都要先绘制设计草图（这些设计草图目前收藏于巴黎的装饰艺术博物馆）。在他的手中，水母的形象幻化成了流光溢彩的月亮石和钻石精灵，触须上还点缀着蓝宝

1968年，为美国白宫创作

花饰（Ribbon Rosette）18K金钻石项链

石。即使从不赏花的人也会不由自主地驻足凝视，渐渐沉醉于史隆伯杰为花朵赋予的神奇魅力之中。简言之，他令自然之物焕发出了迷人之美。

继史隆伯杰之后的所有蒂芙尼设计师都掌握了这一精髓，不同的是，他们以各自独特的方式

花瓶（Jardiniere）

在其自然风格作品中打上了自己的烙印。

安吉拉·卡明斯（Angela Cummings）打造的金项链栩栩如生地再现了秋日落叶和玫瑰花瓣的姿态。约翰·洛林（John Loring）创作的珐琅鱼颇似《海底总动员》中的小丑鱼——不过比电影早了整整 10 年。帕洛玛·毕加索（Paloma Picasso）最著名的作品大概就是时下经典的"X"系列和心形系列，但早在 20 世纪

法兰克·盖瑞（Frank Gehry）设计的手镯和戒指

80年代初，她就已经在花朵胸针、耳环及吊坠中使用了水晶和烟水晶（茶晶）。毫不起眼的甲虫一经毕加索的妙手便化身成了集蓝宝石、珐琅和电气石于一身的小精灵。埃尔莎·柏瑞蒂的金色细蛇皮腰带则与一条真正的蟒蛇一起出现在一段双人舞的镜头中。而法兰克·盖瑞（Frank Gehry）

1889年创作的钻石发廊兰花胸针

让·史隆伯杰设计的绿宝石耳环

的珠宝作品充分发掘了贵金属、木材和宝石中蕴藏的表现力。在他的作品中，兰花成了一种现代表达手段，以绚丽夺目的外表诠释出感性诱惑的设计风范。

这些经历一个多世纪的经典之作至今依然名列蒂芙尼的热销榜单之中，波尔丁·法纳姆（Paulding Farnham）风格的兰花胸针便是其中之一——由于产品供不应求，许多客户不得不耐心等候。来自加利福尼亚的艺术大师大卫·弗雷达（David Freda）仍在使用古老的手工技艺打造每一枚胸针。运用兰花实物制模、浇铸、上珐琅、镶嵌宝石——道道

让·史隆伯杰设计的凤凰宝石

工序都必须精心细致，一丝不苟，而完成整个流程要耗费一年左右的时间。

2010 年，蓝书系列荟萃各款珠宝杰作闪耀面世，其中包括一系列灵感来源于蒂芙尼 1871 年银饰设计中的飞鸟和蝴蝶主题的胸针作品。这些"飞翔的梦幻"将精湛的珐琅工艺与钻石、蓝宝石、紫水晶等宝石完美融合，呈现出了一个个五彩缤纷、振翅欲飞的生动造型。海洋生物是一个经久不衰的设计题材，蓝书中的多款设计都再现了这些水族精灵的形象，其中一款海星别针采用蓝宝石、钻石及沙佛来石打造而成，每一枚宝石均为人工镶嵌，外观绚丽夺目；还有一款海螺

让·史隆伯杰设计的谢幕钻石之作

别针镶有三种蓝宝石，同时还点缀着光芒璀璨的钻石——两款作品均由史隆伯杰设计。同样是海星设计，蓝书中的另一款作品也同样精美绝伦——由红、橙、粉、黄四层珐琅镶嵌钻石而成，堪与自然界最美丽的海星相媲美。

如果说大自然是最好的设计师，那么为了创作出更多的优秀作品，当务之急就是要保护环境、爱护自然。本着对社会、对环境负责的宗旨，蒂芙尼不仅严格遵行相关的标准规范，而且还对金属、宝石等各类材料一一进行审查。蒂芙尼绝不购进血钻和缅甸红宝石，金银贵金属则大多购自美国一家指定的矿山，品质标准十分严苛。蒂芙尼已于 2002 年停售珊瑚珠宝，为拯救世界各地濒危的珊瑚礁群献出一份力量。

大自然四季更迭、变幻莫测，而史隆伯杰、柏瑞蒂、毕加索等蒂芙尼的众多设计师则将自然之美定格于设计之中，使之绽放出永恒的魅力。蒂芙尼深信，可持续发展就是全人类永恒的主题。蒂芙尼不仅始终走在设计和创新

紫锂辉石（Kunzite）白金钻石项链

的浪尖前沿，而且在环境保护方面也居于领先地位，只有如此，大自然才能成为永不枯竭的灵感源泉，为后世设计者提供源源不绝的创意力量。

设计师：让·史隆伯杰（Jean Schlumberger）

让·史隆伯杰并未受过正规培训，也不曾自诩为珠宝匠，但他却是20世纪最负盛名的珠宝设计师之一。在与蒂芙尼公司30余年的合作过程中，他创造的奇思妙想、异趣丛生的珠宝作品，至今仍是全球最具吸引力和值得收藏的作品之一。

在法国的阿尔萨斯，孩提时代的史隆伯杰经常手握铅笔，信手涂鸦。他显然是为艺术而生的。但是他的父母（身为富裕的纺织制造商）却百般阻挠他的热情，甚至禁止他前

让·史隆伯杰

往艺术学校深造。他于1929年首次来到美国，家人同意他在那里的一家纺织厂工作，随后他在柏林初涉银行业，并最终回归属于自己的天地：巴黎。

在20世纪30年代，巴黎充盈着创造的气息。时值超现实主义的巅峰，毕加索举办了自己的首场回顾展；美国人曼·雷（Man Ray）和亚历山大·卡尔德（Alexander Calder）开始发展自己的事业。而史隆伯杰也最终得以自

设计师埃尔莎·柏瑞蒂

设计师帕洛玛·毕加索

由探索更适合自己禀赋的天职。他的首批设计中就有为礼服设计师埃尔莎·夏帕瑞丽（Elsa Schiaparelli）设计的纽扣。纽扣看似无关紧要，但史隆伯杰却因此找到了绝佳合作伙伴——萨尔瓦多·达利（Salvador Dali）和阿尔贝托·贾科梅蒂（Alberto Giacometti），同时也与夏帕瑞丽进行了合作。随后不久，他开始为著名设计师创作时装珠宝饰物。

第二次世界大战爆发后，史隆伯杰离开巴黎，前往纽约，他在那里遇到了儿时伙伴尼古拉斯·邦加德（Nicolas Bongard），后者使他不久后重返珠宝业。1947年，两人在第五大道开设了一家精美珠宝工作室，工作室距离蒂

莱加西（Legacy）

芙尼公司旗舰店只有一个街区。他们的首批客户之一就是时尚编辑戴安娜·弗里兰（Diana Vreeland），她时任《时尚芭莎》杂志编辑，随后担任 Vogue 杂志编辑。

蒂芙尼公司主席沃尔特·豪温（Walter Hoving）密切关注着这对搭档的成功。1956 年，他聘用了史隆伯杰和邦加德，在公司内向他们提供了专用工作室和沙龙，并配备专用电梯。这家古老的公司在设计业久负盛名，正如史隆伯杰的作品一样，深深扎根于自然，并从自然中汲取灵感。蒂芙尼公司的多位著名客户——伊丽莎白·泰勒、杰奎琳·肯尼迪、格斯特（Guest）、芭比·佩利（Babe Paley）和邦尼·麦伦（Bunny Mellon），纷纷成为这位纽约社交新宠的忠实拥护者。

路易斯·康福特·蒂芙尼（Louis Comfort Tiffany）所设计的蛋白石及宝石吊坠

　　她们的热情支持以及蒂芙尼提供的创作自由使随后的 30 年成为史隆伯杰最为多产的时期。他尽情描画出精细的两维设计图（后来遗赠给巴黎的装饰艺术博物馆），并由技艺精湛的纽约和巴黎工匠打造成可在博物馆典藏的三维工艺品。从开始创作到一丝不苟地加工完成，有些作品可能会耗费几百小时。

　　在他的设计中，大自然总是占据要席。他前往颇具异域风情的瓜德罗普岛（位于加勒比海东部，他在那里拥有住所）、巴厘岛和泰国，燃起想象的火花。在他的手中，一个看似毫无吸引力的水母也能摇身一变，成为绚丽夺目的月亮石和带有蓝宝石触须的钻石生物。

　　简而言之，他赋予了大自然绚烂魅惑之美。即便是最易被忽略、毫无魅力的生物，也能在他眼中破茧成蝶。他坦言希望可以"捕捉宇宙中的不规则事物"，但事实上，他能够发现不为人知的美丽，重新诠释，将有机造型转变为美丽珍宝。当然，他可以在世界各地色彩斑斓的奇珍异宝中尽情挑选创作素材。

　　最珍贵的宝石非蒂芙尼黄钻（Tiffany Diamond）莫属。它重达 128.54 克拉，是世界最大的黄钻之一，史隆伯杰的任务是打造一款堪与宝石匹配的底座。他最终设计了三款底座，最为著名的一款是"花饰"（Ribbon Rosette）项链，

Novo戒指

天堂鸟夹子（Oiseau De Paradis clip）

花饰（Ribbon Rosette）钻石项链

玫瑰切磨（Rose-cut）钻石项链

在影片《蒂芙尼的早餐》的宣传海报中，该款项链被优雅地佩戴于奥黛丽·赫本颈项间。如今，蒂芙尼黄钻还镶嵌于史隆伯杰的另一款作品"石上鸟"上———只令人愉悦的钻石小鸟栖息于这款著名钻石之上。该款作品陈列于蒂芙尼纽约第五大道的旗舰店中。

史隆伯杰不仅是个设计师，他还是一位革新者。他不知疲倦地工作，使19世纪的传统工艺——在18K金上装饰亮色的珐琅技术至臻完美。他运用这一工艺，在红、绿、蓝、玫瑰和白色的点缀下制作手镯，这款作品也是杰奎琳·肯尼迪的最爱。照片中的她经常佩戴这款手镯，以至于该作品被称作"杰姬的手镯"（Jackie bracelet），在苛求完美的时尚界，这款产品畅销至今。

与16钻戒指一样，绚烂夺目的圆形明亮式切割钻石镶嵌于铂金底座，由黄金质地的"X"形交相点缀。每一点都与"20钻"耳环绝美匹配。"绳"（Rope）系列又是另一款经久不衰的畅销品，它的珠子使用

18K 黄金，手工缠绕于宽度不一的精密耳环上。这个设计简约而优雅，传承至今，历久弥新。

史隆伯杰的所有作品仍然由蒂芙尼纽约第五大道旗舰店和巴黎工作室制作，一群技艺精湛的工匠往往要在一条项链上花费数百小时——这就是珠宝界的高级定制。每个步骤都由人工精

史隆水母（Schlum Meduse）蓝宝石

海马草（Seahorse Clip）草图

坦桑石别针（Tanzanite brooch）

心雕琢。工匠们兴奋地向来访者解释如何镶嵌宝石，将其制作成绚烂夺目的珠宝，对自己作品的自豪之情溢于言表。

如今，时尚女性比以往任何时候都渴求史隆伯杰，因为不论是相对简约的珐琅手镯，还是更为精美的装饰项链，他的作品都在这个日益忽略创新的世界中超凡脱俗。敏锐的顾客总会被创意、创造性设计和精湛工艺所吸引，这三个特点不仅是史隆伯杰每件作品的核心，也是蒂芙尼的精髓所在。

蒂芙尼第五大道旗舰店

清晨走过纽约第57街和第五大道的路口时，你总会看到三三两两的本地人或者外来游客轮番站在蒂芙尼旗舰店高耸的拉丝不锈钢大门前拍照留念。上午10点，这扇大门徐徐打开，欢迎八方来客走进这个充满传奇色彩的珠宝世界。用影片《蒂芙尼的早餐》女主人公霍莉·戈莱特丽（Holly Golightly）的一句话形容最为恰当："在那里你永远都不会有什么烦恼。"

每年走进这扇大门的人超过150万。虽然顾客都是为了店内华贵迷人的珠宝而来，但事实上，容纳这些珠宝名作的建筑本身就是一件具有创新内涵的艺术品。公司创始人查尔斯·路易斯·蒂芙尼的座右铭就是"设计是经营的命脉"，这一理念不仅体现在出售的珠宝之中，而且也融入蒂芙尼的建筑之中。

钻石的镶嵌技术

zellige戒指

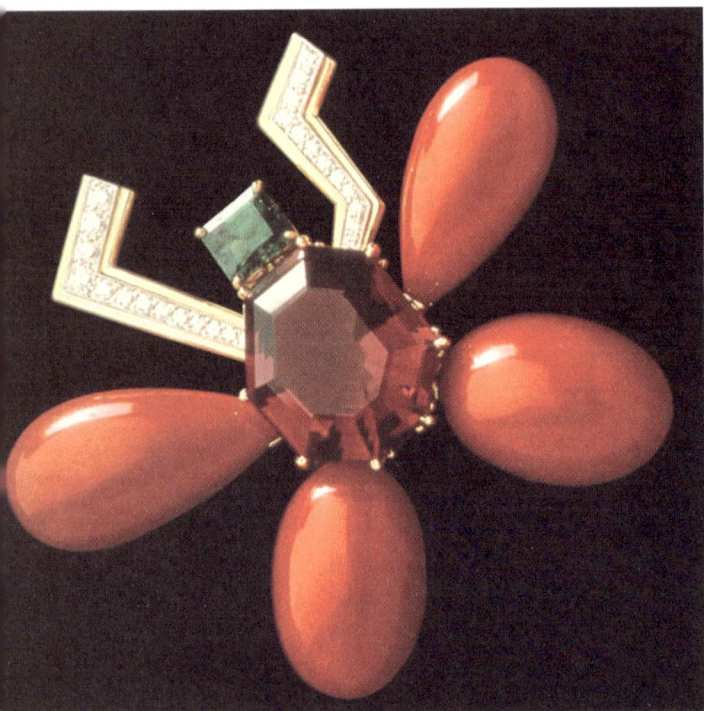

彩色瓢虫宝石

蒂芙尼最知名的纽约旗舰店实际上是该公司开设的第五家专卖店（最早的两家位于百老汇下城区，第三家开在联合广场，第四家位于第五大道上的"国家历史地标"建筑，由当年的著名设计师斯坦福·怀特设计）。毗邻第 57 街的第五大道 727 号旗舰店由纽约建筑

设计公司寇斯暨寇斯（Cross & Cross）负责设计。寇斯暨寇斯是纽约最炙手可热的建筑设计公司，曾承揽过许多著名的建筑项目。蒂夫尼纽约旗舰店大楼于 1940 年建成竣工，外墙铺镶石灰石、花岗石和大理石，造型简洁流畅，体现了当年在美国风靡一时的流线型风格。

在这个城市最奢华的一角，与纽约高级百货公司（Bergdorf Goodman）等顶级名店毗邻而立的蒂芙尼旗舰店迅速成为了时尚人士的新宠。

纯银扁平餐具的模式

蝴蝶和植物图案的钻石吊坠

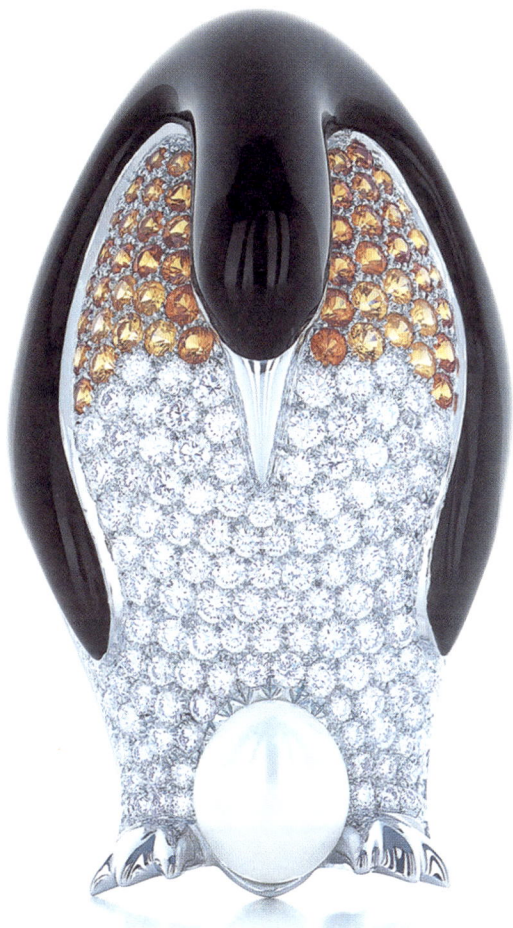

皇帝企鹅胸针

　　大门正上方是一座壮观非凡的阿特拉斯（Atlas）雕像，这位希腊神话中的时间巨神将手中的大钟举过头顶，俯视着进进出出的人流。这座 13 英尺（3.96 米）高的雕塑是艺术家亨利·费雷德里克·梅茨勒（Henry Frederick Metzler）的杰作，自 1853 年揭幕以来便陆续成为各家蒂芙尼专卖店的独特标志，大钟上古色古香的罗马数字还为大受欢迎的阿特拉斯系列珠宝及腕表

火蜥蜴手镯和青蛙胸针

建筑物上的阿特拉斯的时钟

系列带来了灵感。梅茨勒选择阿特拉斯（Atlas）作为该店的标志可谓恰当，这位希腊神祇代表着坚韧不拔的决心和毅力——对于一家拥有170多年历史的公司而言，这样的标志自然再合适不过。

经旋转门走进店内，展现在眼前的便是电影《蒂芙尼的早餐》中女主人公霍莉的避风港。想象霍莉第一次站在这里会是怎样的心情，用心去体会周围的一切——先是因期待而感到阵阵悸动，踏进开阔的空间之时又是一阵狂喜涌上心头。该店总面积8400平方英尺（780.4平方米），是全美最大的无立柱零售商场。采用这种结构不会阻碍视线，只需放眼望去，种种精彩便会跃入眼帘——从北墙上隆重展示的传奇之作蒂芙尼黄钻，到蒂芙尼珠宝大师们的传世杰作。让·史隆伯杰设计的珐琅手镯是杰奎琳·肯尼迪的最爱，埃尔莎·柏瑞蒂的"打开心扉"（Open Heart）系列一直深受喜爱，帕洛玛·毕加索（毕加索之女，在彩色宝石设计方面独具匠心）以及法兰克·盖瑞（他设计的珠宝系列不落窠臼、独树一帜）等著名设计师的经典之作也广受欢迎。站在这里就仿佛置身于一座博物馆，只不过这里的所有展品都欢迎触碰和试戴。

在店内的寻寻觅觅就像一场迷人的寻宝之旅，楼内的每一层都有惊喜的发现等待着你。夹层的楼厅就是北美第一家百达翡丽（Patek Philippe）沙龙所在，这家公司的悠久历史和尊崇地位与蒂芙尼不分伯仲（两家公司的创始人最初于1851年达成口头协议，自此建立了合作关系）。这间

手工制作是珠宝制作最重要的

完成的缎带结项链等待最后检查

沙龙由法国建筑师帕特里克设计完成，面积 3000 平方英尺（278.7 平方米），灵感来自装饰艺术。沙龙内展示的是百达翡丽公司目前推出的钟表系列，还设有图书室和典藏作品展区，以及现场维修工作室。来到二楼，一排排世界顶级钻石立即会让人目醉神迷。这里每一天都上演着爱的故事——有时是一位目光热切的小伙子想为心上人挑选一款完美的钻

五彩缤纷的搪瓷手镯

戒，有时则是相伴多年的夫妻想找一款华美的宝石作为结婚周年的纪念物。

走进这座古老的建筑，人人都不会甘心空手而归，必定要在小小的蒂芙尼蓝色礼盒中装上自己心仪的珠宝才能尽兴而回。而这里也的确能让每个人都觅得自己的心仪之物，而且选择多样、丰俭由人，这一切无疑得益于蒂芙尼的独到眼光和精心甄选。总是人潮如织的三楼展示着各式各

伊丽莎白·泰勒佩戴的海豚别针（Dolphin clip）

2层的高级珠宝陈列

样的银制品，其中既有法兰克·盖瑞和埃尔莎·柏瑞蒂的作品系列，也有广为流行的钥匙扣以及新近增设的开架式"魅力酒吧"（charm bar）。魅力酒吧陈列区展示着数十种纯银饰品，有的涂有珐琅，有的镶有钻石；图案既有传统花式，也有前所未见的新奇式样，当然也少不了蒂芙尼标志性的蓝色小礼盒——琳琅满目的精美银器会让人流连忘返、久久不愿离去。

　　走出魅力酒吧，沿着旁边的楼梯登上四楼，展现在你眼前的便是"一站式购物"区，展示的是各式各样的餐具，无论是要举办盛大的晚宴、轻松的

钻石配饰草图

鸡尾酒会还是寻常的比萨派对，这里都能找到餐桌上所需的一切。从瓷器、水晶到银器，从路易斯·康福特·蒂芙尼工作室原创的古典款式到埃尔莎·柏瑞蒂、帕洛玛·毕加索以及法兰克·盖瑞等效力于蒂芙尼的设计天才打造的现代珍品，这里简直就是一个食具酒器的王国。

每家公司都有自己的不宣之秘，而蒂芙尼最大的秘密就隐藏在该店的 7 楼：珠宝制造工作室。与普通的制作工坊有所不同的是——这间略带神秘色彩的工作室仿佛将文艺复兴时期艺术家的创作室搬到了现代世界，窗外繁华的都市风景和美丽的中央公园时时激发着珠宝大师们的创作灵感。在这片居高临下、阳光普照的创作园地之中，蒂芙尼最华美动人的经典之作就在一群技艺精湛的珠宝师、镶嵌师和抛光师手中渐渐成形。小到一枚订婚钻戒（所镶钻石在 3 克拉以上的戒指大多是在这里镶嵌完成），大到全程需 500 小时方可完工的史隆伯杰项链，无论繁简，他们都日复一日地精心雕琢着每一件作品。

毋庸置疑，在第五大道旗舰店，每一丝空气中都洋溢着一种自豪之情。从亲切有礼、笑迎来客的电梯操作员，到耐心帮助顾客挑选珠宝的专业人员，蒂芙尼的每一名工作人员身上都体现着真诚的关爱与友善，就像《蒂芙尼的早餐》中那位帮助在塑料戒指上刻上女主角芳名的蒂芙尼销售员。时至今日，第五大道旗舰店依然是千万人眼中的世外桃源，其中的原因或许就在于蒂芙尼给予顾客的亲切之感。在这里，你可以暂时逃离尘世的烦扰，忘情享受无忧的时刻。正如阿特拉斯（Atlas）一样，蒂芙尼以同样的坚忍和毅力经受着时光的考验，无论走过多少年，都一如霍莉般优雅动人。

蒂芙尼订婚钻戒

可以说，是蒂芙尼的创始人之一，查尔斯·路易斯·蒂芙尼开创了用钻戒求婚的传统。早在 1477 年，奥地利大公马克西米安二世（Maximillian）

约会系列（Engagement Group）

送给了他的新娘一枚钻戒，但当时这颗宝石只是按照早期的式样进行镶嵌，钻石的光华和亮丽完全没有得到充分的展现。1886 年，蒂芙尼先生推出了他的首款订婚戒指，其突破性的设计赋予了钻石全新的光华，吸引了全世界的目光。通过用 6 个细爪将宝石托举在戒环之上，钻石可以折射更多的光线，从而呈现出前所未有的耀眼光芒。自那时起，全世界数百万人便开始迷恋并遵循这个传统——送一枚钻戒给自己的未婚妻。

这样的礼物渐渐成为爱与终身承诺的终极象征。钻石是世上最坚硬的自然物质，其英文名"diamond"取自希腊语"adamas"，意思是"坚不可摧"。同样，订婚戒指的内涵也喻示着永不分离的结合，而璀璨宝石本身也传达了一种找到共度一生的爱人时难以言表的奇妙感受。就像每一段爱情故事都不可复制一样，每一颗钻石都是独一无二的。

推出订婚钻戒不是查尔斯·路易斯·蒂芙尼利用钻石制造的第一次轰动。事实上，他早先就曾收购法国皇室珠宝，并用这些宝石打造了精美绝伦的首饰，出售给当时的社会名流。他本人也因此被冠以"钻石之王"的称号。他创造的最大一次轰动是购买了一颗珍稀昂贵的黄钻，这颗黄钻经过能工巧匠的精心雕琢，成为后来的蒂芙尼黄钻。1878 年，这颗黄钻在购买时重约 287.42 克拉，后切割成 128.54 克拉、大约 1 平方英寸（2.54 厘米）的独特枕形钻石。一个世纪之后，这颗价值连城的黄钻被永久陈列在纽约第五大道蒂芙尼旗舰店中。这颗美国有史以来最大的钻石不仅成就了公司在钻石方面的权威声望，也意味着蒂芙尼销售的钻石拥有无上的品质与绝美的设计。

毫无疑问，蒂芙尼至今仍保有这样至高的声望。蒂芙尼在业界秉持最严格的钻石评级制度，通常只有极少数的钻石能够通过审查，被认定为合格。一颗钻石通过公司鉴定后，工匠会仔细研究这颗钻石的天然形态，精心切割，着力展现它的自然之美，甚至不惜牺牲钻石的克拉数。只有这样，每颗钻石才能完美地展现其璀璨光华，每一次镶嵌都是为钻石本身量身定制——没有哪颗宝石是为了"削足适履"而进行切割。

蒂芙尼联想系列就在这样的严格标准下传奇诞生。此系列包含五款钻戒，经典与现代并济，赢得世界各地大批忠实的粉丝。其中既包括诞生了 150 年的经典风格，也有问世仅两年的新锐款式。每位正在寻找自己心仪钻戒的女士都可以作证，每款设计都有其独特的个性魅力。

蒂芙尼式 6 爪镶嵌订婚钻戒就是一个绝佳的例子。自 1886 年首次问世以来，这种独特的镶嵌设计就一直蝉联销售榜首。奥黛丽·赫本在蒂芙尼 150 华诞之际写给公司的信中给予了这样的评价："经典永恒"，充分地表达了这款简约、精致的 6 爪钻戒难以形容的魅力。就像赫本女士本人，蒂芙尼式镶嵌这种凸显钻石本身光华的设计已成为低调、端庄的代名词，散发着宁静之美。

明星（Lucida）系列是蒂芙尼的独家专利设计。高高突出的阶梯切割冠面与雍容宽阔的四角相辅相成，令这款方形钻戒呈现出璀璨夺目的光彩。明星的独家镶嵌设计在于其钻石爪优美的曲线，将钻石的优雅和尊贵烘托得淋漓尽致。明星系列在喜爱大钻石台面设计的顾客中，广受推崇。

蒂芙尼创新是一款运用了枕形切割法的创意作品，兼具灵气、热情和独特风格。这枚闪亮钻戒的创作灵感源自于蒂芙尼黄钻。它将现代风格融入永恒的优雅，实现了历史感与未来感的完美结合。

蒂芙尼联想系列的最新作品，运用心形、梨形、圆形等钻石形状演绎传统的包围镶嵌设计，同时迎合了新潮人士和古典主义者的诉求。包围镶嵌设计的外形更贴近手形，四周紧贴钻石的轮廓，彰显钻石的形状和美丽。Bezet 一经推出，立即散发出低调却难以言喻的迷人光芒——在静谧之中，自会光芒耀世。

莱加西（Legacy）作品受 19 世纪早期的古典珍藏画启发，能够唤起人们对法国"美好年代"时期的美好记忆。它采用枕形切割方式（蒂芙尼专利）并在四周镶嵌珠链式小钻，充满了女性之美和浪漫气息。钻戒的效果令人迷醉，人们的目光被钻石万花筒似的层叠切割面深深吸引，无法自拔。莱加西是一个奇妙的矛盾体——深沉而梦幻，充满激情却欲遮还羞，仿佛来自另一个时代，却在新世纪备受喜爱。

蒂芙尼的传奇系列引领着市场潮流，同时也证明了它的经久不衰。当人们在为一生中最有意义的时刻购买象征长久爱情、不变的海誓山盟和永恒结合的礼物时，这一细节非常重要却常常被忽略。人们说，女性在一生中会端详自己的订婚钻戒超过 100 万次。每一款蒂芙尼钻戒的背后都凝结了超过八代人的丰富经验，确保她每次细细品味都会感到由衷的陶醉。她深知，这不仅仅是一件首饰，而是会世代相传的瑰丽之宝。

传奇风格的最终符号

蒂芙尼蓝色礼盒

这是一个书写了 170 年的品牌传奇，蒂芙尼以其优雅魅力和独特风格构筑卓著声誉，随无数璀璨珠宝一同无惧时光荏苒而熠熠生辉。经典的蒂芙尼蓝色礼盒（Tiffany Blue Box）承载着品牌的两大传承：创新和设计，它的出现每每令人心跳加速，满怀期待。这一享誉全球的"蒂芙尼蓝"（Tiffany Blue）昭示着完美无瑕的品质，令人屏息的美感和深具传奇色彩的浪漫气息。每个看到蒂芙尼蓝色礼盒的人都能即刻认定这份礼物的无上品质和极致优雅。

蒂芙尼蓝首次出现在蒂芙尼 1878 年珠宝目录蓝书的封面上，它之前被称为勿忘我蓝或知更鸟蛋蓝。时至今日，蓝书每年一如既往地荟萃蒂芙尼最华美璀璨的珠宝系列，皆由顶级工匠手工创制。据蒂芙尼品牌历史研究者称，该色彩得到垂青应归因于 19 世纪曾风靡珠宝业界的绿松石。绿松石也是维多利亚时代新娘们的最爱，她们通常将绿松石镶嵌的鸽子造型胸针赠送给参加婚礼的嘉宾。

无论灵感是否来自绿松石，蒂芙尼蓝不久即出现在蒂芙尼的包装盒、购物袋，以及广告和其他品牌的宣传资料中。品牌创始人查尔斯·路易斯·蒂芙尼最初的愿景已然成真，标志性的蒂芙尼蓝色礼盒永远伴随着蒂芙尼珠宝，象征着优雅华贵的美感、无与伦比的设计，和完美无瑕的珠宝工艺。早在 1906 年，《纽约太阳报》（The New York Sun）曾报道过这一品牌传统：无论人们愿意出多少钱，查尔斯·路易斯·蒂芙尼先生有一样东西是只送不卖的，那就是他的盒子。公司严格规定，印有公司名称的空盒子是不能带出公司的，蒂芙尼蓝色礼盒必须装有公司售出的产品，因为公司会对其品质加以保证。

随着蒂芙尼品牌声誉愈隆，蒂芙尼蓝色礼盒也盛名远扬，如同一位充满活力的蓝色使者，引领世人为蒂芙尼每一个创新而赞叹，包括我们如今熟悉的订婚钻戒。1886 年，蒂芙尼独创蒂芙尼式镶嵌，至今仍是全球最知名的订婚钻戒设计。蒂芙尼钻戒象征着美丽的承诺和永恒的爱情，蒂芙尼蓝色礼盒则预示着人们一生中最浪漫的时刻即将随盒子的打开翩然而至，这些幸福的画面在众多电影和书本中历久弥新。

蒂芙尼蓝色礼盒为人们生命中每个重要时刻增添了高贵典雅又激情洋溢的氛围。无论是生日派对、毕业典礼、周年庆祝、营销活动或个人庆功会，蒂芙尼蓝色礼盒常常是奖赏自己或馈赠他人的不二之选。在全球各地，人们满怀祝福来到蒂芙尼选购礼物，无论是光彩耀目的珠宝饰品、经典手工艺打造的精致银器，还是优雅时髦的配饰系列，一份来自蒂芙尼的礼物总能高贵脱俗，傲视同侪，而承载蒂芙尼经典传统的正是蒂芙尼蓝色礼盒。

繁华街道上的惊鸿一瞥，或是将它捧在手心静静凝视，蒂芙尼蓝色礼盒每时每刻都等待为悦己者奉献美妙的欢愉。

后记

今天，蒂芙尼已经俨然成为具有美国标签的珠宝皇后。无论你身处何处，蒂芙尼总能带给你最强烈的吸引。蒂芙尼以它百余年的历史沉淀，讲述了一个传奇品牌的传承与创新，深刻演绎了对于经典的诠释。

蒂芙尼大事记

1837 年，查尔斯·路易斯·蒂芙尼和约翰·扬（John B. Young）在纽约的百老汇开设了一家文具饰品店。开业当天的营业额仅为 4.98 美元。

1845 年，蒂芙尼推出了蓝书——美国第一本全国直邮商品目录。

1848 年，查尔斯·路易斯·蒂芙尼从法国贵族手中收购了大量珍藏的精品钻石，将珍稀宝石引进美国。他运用原创的蒂芙尼镶嵌工艺重新设计了这些璀璨的宝石，被媒体冠以"钻石之王"的美誉。

1851 年，蒂芙尼是美国首家应用 925/1000 纯银标准的公司，这一比率后来成为美国纯银标准。

1878 年，查尔斯·路易斯·蒂芙尼用 18000 美元从南非金伯利钻矿购得一枚 287.42 克拉的钻石原石。这块原石最终被切割成 128.54 克拉并被命名为蒂芙尼黄钻，被誉为世界上最大、最精美别致的黄钻之一。

1878 年，蒂芙尼发行的蓝书封面改用一种特殊的蓝色，后来被称为蒂芙尼蓝。很快，这种独特鲜明的色调也出现在蒂芙尼礼盒和购物袋上，不再仅仅是一种颜色，它使蒂芙尼蓝色礼盒成为代表蒂芙尼所有卓越设计的国际性标志。

1886 年，蒂芙尼推出了蒂芙尼式镶嵌订婚钻戒。这种创新设计至今仍是世界最流行的钻戒镶嵌工艺。它首次将钻石凸嵌于戒环之上，并由六个铂金细爪固定，让光线能够进入宝石，最大限度地折射出夺目的光华。

1887 年，蒂芙尼收购了法国皇室珠宝，奠定了其世界顶级珠宝商的声誉。这些皇室珍宝被美国各界的新贵们争相买走，其中就包括阿斯特（Astor）、范德比尔特（Vanderbilt）和普立兹（Pulitzer）等社会名流。

1902 年，蒂芙尼推出了坤斯石，该宝石以蒂芙尼的杰出宝石专家乔治·坤斯博士（George Frederick Kunz）的名字命名。

1902 年，蒂芙尼创始人查尔斯·路易斯·蒂芙尼之子、美国 19 世纪末 20 世纪初的一流设计师——路易斯·康福特·蒂芙尼成为公司第一任设计总监。路易斯·康福特·蒂芙尼是新艺术运动的先驱，他设计的彩色玻璃灯、窗和珠宝至今仍出现在博物馆和拍卖行，备受推崇。

1956 年，著名礼服设计师埃尔莎·夏帕瑞丽的追随者——珠宝设计大师让·史隆伯杰在蒂芙尼传奇的第五大道专卖店开设了自己的沙龙，在这里史隆伯杰统治着整个珠宝界。追求完美的女士们争相收集他奇特的自然主题系列宝石。他的创作赢得了无数奖项，奠定了他成为世界最负盛名珠宝设计师之一的崇高声望。

1961 年，让·史隆伯杰设计的镶嵌蒂芙尼黄钻的花饰项链出现在影片《蒂芙尼的早餐》的宣传海报中——奥黛丽·赫本的颈项间。

1967 年，美国国家美式足球联盟委托蒂芙尼设计了第一座冠军奖杯。蒂芙尼创造的这一美国运动标志出现在之后每一届超级杯大赛之中。

1968 年，第一夫人林登·贝恩斯·约翰逊（Lyndon Baines Johnson）

委托蒂芙尼以她最喜爱的美国野花为设计元素打造了一套白宫瓷器。

1969 年，蒂芙尼推出了坦桑石，这种闪烁着蓝色光华的石头以其原产国坦桑尼亚的名字命名。

1974 年，设计师兼时装模特埃尔莎·柏瑞蒂在蒂芙尼推出珠宝系列，灵感源于优雅简约的自然线条，成为现代设计的里程碑。

1980 年，国际时尚界的标志人物帕洛玛·毕加索推出了自己的首个蒂芙尼珠宝系列，运用亮丽的色彩和独树一帜的风格奠定了自己的声望。

2006 年，蒂芙尼推出了世界著名建筑师法兰克·盖瑞（Frank Gehry）的珠宝设计系列，位于西班牙毕尔巴鄂的古根海姆博物馆的设计就出自这位大师之手。他独具匠心的珠宝造型和与众不同的材质运用验证了他对艺术的毕生热情。

2009 年，蒂芙尼有着创造电影梦幻时刻的历史。订婚钻戒、纽约旗舰店和著名的蒂芙尼蓝色礼盒都曾与好莱坞的大牌明星们一起出现在浪漫影片中，如《蒂芙尼的早餐》、《华盛顿邮报》等，熠熠生辉。

梵克雅宝（VAN CLEEF & ARPELS）：
奢华中的浪漫与优雅

1967年10月26日，梵克雅宝为伊朗皇后芭哈菲加冕礼特地打造的珠宝

导语

一个具有百年历史的珠宝品牌，以其独树一帜的设计理念和其精湛的工艺赢得了世界的赞誉。它尽染了巴黎的艺术气息，紧随自然的韵律，应和一颗颗渴望飞扬的心，在珠宝的殿堂中，演绎着和谐轻盈之美。瑰丽而神秘的光芒是法国顶级珠宝品牌梵克雅宝的永恒之光。自1906 年在巴黎凡登广场 22 号奠下基业，建立了让世界惊艳的创意王国，梵克雅宝从此在顶级珠宝设计的舞台上接连绽放出令人不可逼视的绚烂光芒，成为国际顶级珠宝殿堂中的至尊名品。

梵克雅宝自诞生以来，便一直是世界各国贵族和名流雅士所特别钟爱的顶级珠宝品牌。从温莎公爵夫人、摩纳哥王后格蕾丝·凯莉（Grace Kelly）、伊朗国王与皇后，到现今的好莱坞巨星莎朗·斯通（Sharon Stone）、朱莉娅·罗伯茨（Julia Roberts）

1967年10月，伊朗皇后的梵克雅宝皇冠

伊朗皇后芭哈菲，1967年

以及中国影星章子怡，无不选择梵克雅宝的珠宝，以展现他们尊贵的气质与风采。

　　梵克雅宝以莎士比亚的著名剧作《仲夏夜之梦》为创作灵感复活了一个充满神秘魅力的"珠宝花园"。并以莎士比亚的浪漫诗句"A Midsummer Night's Dream"（仲夏夜之梦）为名，缔造出一个小仙子与小精灵居住的梦境国度：四周是浪漫而神秘的树林、令人心醉的天与地，钻石及珍贵宝石精密配合制成的 Folie des Prés 系列，将设计师的匠心独运表露无遗。

伊朗国王与皇后

梵克雅宝的起源

　　从梵克雅宝诞生伊始，就是它最大的卖点。通常，名流、明星会对梵克雅宝说："我要参加一个活动，希望佩戴你们的项链或者戒指……"没有更具体的要求，他们非常信任工匠的手艺，知道工匠们清楚他们理想的样子。工匠设计出效果图，等顾客满意后，开始选材、制作。有时，他们也会收到一些特殊要求，比如玛利亚·凯莉希望制作一款和她美誉一样的蝴蝶造型饰物。因为她唱歌拿麦克风的时候，手指很引人注目，工匠们便设计出了一款可在多个手指佩戴的戒指。如今这也成为热销的经典款式。

　　梵克雅宝的故事始于一段浪漫的爱情故事。1896 年，荷兰宝石商人的女儿艾斯特尔·雅宝（Estelle Arpels）与阿姆斯特丹钻石商的儿子阿尔弗莱德·梵克（Alfred Van Cleef）喜结良缘，这段传奇的旷世姻缘导致一个伟大品牌的诞生。1906年，阿尔弗莱德·梵克与艾斯特尔·雅宝的兄弟——查尔斯和朱利安合作在巴黎凡登广场22号设立了梵克雅宝的第一家珠宝精品店，从此翻开了梵克雅宝历史发展的第一章。

　　凡登广场是法国精神的缩影，这里承载着18世纪君主王朝的高贵神韵，孕育了经典主义的和谐与协调。坐落在这里的梵克雅宝凭借其超凡的专业智慧、令人折服的鉴宝眼光，从地球遥远的角落收集各种极品宝石，从宇宙四方萃取设计灵感，秉持着一丝不苟、精益求精的创作精神，以及鬼斧神工的镶嵌工艺，令其珠宝作品一经面世便名声大噪。

　　自20世纪初开始，

伊朗皇后的皇冠1967年

梵克雅宝为格蕾丝·凯莉打造的头冠，1978年

法国名流贵贾的视线便不仅仅只停留在凡登广场上，海滨胜景和度假时尚席卷了整个欧陆，流行的话题离不开法国南部的海滨风情。梵克雅宝瞄准了市场走向，在1909—1935年间大胆地在多个时尚的海滨度假热点和温泉度假胜地开设分店。在上流社会各种舞会、宴会中，名媛贵妇们都以能拥

1939年，埃及公主福兹亚（左）与伊朗国王（右）大婚当天

1939年，埃及公主福兹亚佩戴梵克雅宝头冠以及项链

有正牌的梵克雅宝作为时髦、流行的象征。

1930年，梵克雅宝发明了满载女性柔情的百宝匣。这是现代化妆箱的始祖，特别被注册成专利商标，其中可摆放各种随身小件，内里镶嵌风景、花卉或中国艺术图案，造工精湛。

一个世纪以来，梵克雅宝以巧夺天工的精工技术，极为挑剔的宝石筛选，精致典雅、简洁大方的样式与完美比例的造型设计，在国际珠宝界独树一帜。它一直是王室贵族及名人最深爱的珠宝品牌之一，曾为许许多多的王室贵族、社会名流制作过高级珠宝，每一件都是极其华贵的珍宝：1937年为"不爱江山爱美人"的温莎公爵的婚礼设计过胸饰；1939年为埃及王后纳

丝莉（Queen Nazli）、公主福兹亚及其他多名王室成员设计过王冠、颈饰、耳环、手镯等。1957年，摩纳哥王子雷尼尔（Prince Rainier）任命梵克雅宝为王室的饰品御用店。第二次世界大战后，梵克雅宝又乘着万象更新的好时机，于1974年再将珠宝王国的版图拓展到日本。进入80年代以后，梵克雅宝继续进军多个世界名城，并相继于香港（1982）、伦敦（1983—1995）、首尔（1990）、莫斯科（1997）、迈阿密鲍利港（2000）和芝加哥（2001）等城市开设了自己的精品店。1978年，摩纳哥王妃格蕾丝在其女儿卡洛琳公主的婚礼上，也佩戴了一顶由梵克雅宝特制的华丽王冠。

1939年，埃及公主福兹亚在她大婚当天佩戴梵克雅宝头冠，耳环以及项链

2004年，再度展现不固守的积极态度，将百年高级订制珠宝的优良血脉，融入珠宝时尚的新风潮，提出"把布料变成珠宝，珠宝变成布料"的好点子。

梵克雅宝全新的珠宝系列"高级订制系列"（Couture Collection），改变了珠宝佩戴的方式，也改变了女人欣赏珠宝的视线。高级订制珠宝系列，提出8种对珠宝设计不同的新想法，总值超过10亿元的身价。蝴蝶结的装饰细节，自然是讨论高级订制女装不可忽略的重点。这是梵克雅宝中极为经典的设计元素。据说，这灵感来自法国皇后安妮所倡导的简单主义。

在众多珠宝经典中，以花型作为设计主轴的"锦绣"（Broderie）系列，

摩纳哥王室成员

花束（Bouquet）胸针，1937年

呼应着订制服装精髓的精细刺绣绣法，并融入梵克雅宝从大自然汲取灵感的传统，以钻石、蓝宝石为花形的素材，将晶透的绿色柘榴石（又称沙弗来石）为叶，时而含苞待放，时而绽放，展现花世界的生命力。"火花"（Petillante）系列，如同字面呈现的就是一种闪闪发光的视觉效果，以不同切割钻石的拼组，则更写实地点出了以服装为意念的主轴。其实，将拉链作为珠宝设计，梵克雅宝早在温莎公爵时，就曾接受他的个人订制。如同真拉链可滑动的设计，

骰子式（Ludo）手镯，1927年

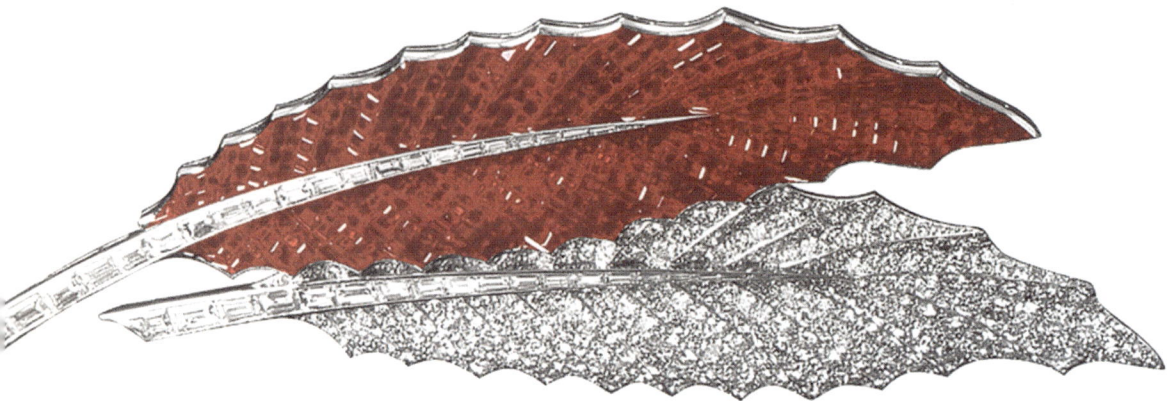

胡尔树叶（Feuilles de Houx）胸针，1937年

埃及玫瑰（Rose d'Egypte）胸针，1938年

困难处在于如何让钻石避免摩擦；同时在设计上，以皮革取代贵金属的镶材，将切割钻石镶嵌于皮带拉链式手环，很有 20 世纪 20 年代女子不羁的作风。

2006 年，梵克雅宝"起飞"（Envol）珠宝系列是蝴蝶造型设计的优美延伸，包括戒指与手镯，以黄 K 金或白 K 金镶饰彩蝶，捕捉蝴蝶细腻的姿态，以创新的技法呈现于世。同时，梵克雅宝继续用璀璨的珠宝诠释大自然中绚烂的生命。Cosmos（意为大波斯菊），其四片花瓣造型分别象征关爱、永恒、和谐、无限。顽强的大波斯菊与灵动的蝴蝶在珠宝的世界中被梵克雅宝重新演绎，赋予了珠宝无比璀璨的生命力。波斯菊珠宝系列由白 K 金或黄 K 金与闪烁圆形切割钻石精致镶嵌，呈现栩栩如生的高贵华丽气质。

　　2006 年，为了向首间开设于巴黎凡登广场 22 号的梵克雅宝精品店致敬，梵克雅宝陀飞轮特别腕表全球限量发行 22 只，弥足珍贵。

1939年，梵克雅宝为埃及公主福兹亚的
婚礼打造的项链草图

1950年的花冠别针（Dessin Clip
Guirlande）设计草图

特色所在

梵克雅宝一直致力于改良珠宝的外观，以增加光泽与明亮度，呈现宝石天然原始的感觉，提升其价值与魅力，他们避免用粗劣不精致的镶嵌方式造成珠宝的破坏。1933 年，梵克雅宝为强化其国际市场地位，开始进军美国大陆，迅速成为纽约第五大道上流阶层的钟爱，

采用"隐秘式镶嵌法"制作的胸针，2000 年

圆环（Bague Boule）戒指，2002 年

随即又在棕榈滩、比弗利山庄等地开设分店。梵克雅宝融合了自己的艺术与技术，发明了"隐秘式镶嵌法"。这种方法可以将宝石与宝石紧密地排列在一起，其间没有任何

金属座或镶爪。而是运用轨道一般的手法，把宝石切割成同样大小，再一个个套进去。这个方法非常耗时，但其呈现的结果，可以令宝石服帖肌肤，随着肢体呈现出多角度不同的光泽。这种技术镶嵌效果简洁悦目，可用于手镯、花卉或蝴蝶胸针、戒指等各类首饰。目前，全世界可以运用"隐秘式镶嵌法"这种登峰造极工艺的工匠不超过6个，专属于梵克雅宝。梵克雅宝拥有此种"镶工法"50年的专利权。"隐秘式镶嵌法"赋予宝石一个完全不同的外观，影响了整个高级珠宝业。

梵克雅宝的珠宝力求在保持品牌经典特色的前提下，永远寻求创新与变化，与时代共同进步，如同佩戴它的女人一般，把娉婷的高雅气质与大自然简约清丽的纯朴自然完美地融为一体，款式时而雍容华贵，时而简约明快，时而端庄雅丽。梵克雅宝具有非常独特而完整的品牌特征，优雅而丰富，将起源、根本、历史、当代与未来有机而协调地结合在一起。没有什么是一成不变的，但是历经近一个世纪的发展，梵克雅宝将其独有的产品特征通过与众不同的设计理念注入每件作品之中，"我们从不创作任何与从前的作品毫不相干的新产品"是梵克

卡迪士（Cadix）胸针，2002年

小口袋（Pochette）胸针，2002年

雅宝一直所坚持的理念与信条。

梵克雅宝的品牌特色是一种
微妙的组合，它将超越物质之外的
理念、价值、知识和创作经验协调
而完美地结合在一起。所有元素综
合在一起就形成了梵克雅宝以下六
大品牌风格与特色。

第一，法国精神。

凡登广场是法国精神的具体
展现，在 17 世纪古代封建王朝的
长期熏陶和浸染下，这种精神奠
定了古典主义风格的基础。自从
1906 年在凡登广场设立第一家专

随意（liberty）胸针，2003年

圆环钻戒（Bague Foret），2003年

卖店开始，梵克雅宝即以"高雅、
品质以及追寻法国精神的精髓"等
几大特色而闻名于世。法国精神具
体来说即是和谐、简洁、高雅和平
衡的展现，是对古代传统和连续性
的坚持与尊重。

第二，感知时间。

梵克雅宝的世界是建立在想象
力的基础上的。梵克雅宝从来没有
忘记它是由两个曾经面临着被放逐

命运的移民家庭的结合创建而来的，因此对梵克雅宝来说，持续性并不仅仅只是简单的实质上的重复。梵克雅宝知道时间永远在飞逝，它不会被任何人所拥有，也不会为任何人而停留。梵克雅宝坚信"时间或许是易逝而善变的，但我们所处的这个世界却是坚定不移地重演着往事和历史。这是一个关于忠诚的问题，是对祖先遗产及其价值的敬仰和尊重"。

第三，女性化与魅惑感。

翅膀胸针，2003年

梵克雅宝的产品特色是百分之百的女性化。选择梵克雅宝的女性独具一份难以言表的魅力，她是迷人的、永恒的、令人愉快而优雅的。如果只用一个词来形容的话，即是：魅惑的。魅惑对普通女性来说是一种无法用语言形容的和无法获得的魅力，是一个虚幻的天堂，是一份可遇而不可求的优雅。

第四，精致优雅。

精致优雅是一种独特的生活方式，唯美是统领一切的基础，而且每一个细节都是至关重要的。这其实是一个关于细腻与微妙的问题，与任何人都无关，而对能够领略和欣赏它的人们有着一份无法抗拒的吸引力。这就是梵克雅宝所创造出来的优雅。

丝带十字架
（Collier Ruban Croise）项链，2005年

起飞衣领（Collier Envol）项链，2004年

第五，上乘的材质。

在梵克雅宝创建之初，即以其所选用宝石的材质、大小或是形状等各方面的至高品质而赢得了世人的赞叹。时至今日，梵克雅宝在宝石的选用上仍秉承其一贯的宗旨，坚持选用最为顶级和杰出的宝石进行加工制作，这也是构成梵克雅宝完美声誉的一个重要因素。

第六，梵克雅宝独有的经典技艺。

梵克雅宝从未停止过创新。从绘制草图的部门到最后的珠

丝带花饰（Ruban de Dentelle）项链，2006年

两只蝴蝶的（Deux Papillons）戒指

莲花（Lotus）戒指（打开）

莲花（Lotus）戒指

宝制作工作室，好奇心是贯穿其中持久不息的驱动力。无论梵克雅宝曾经具有多么辉煌的历史，但它的后辈们是不能够仅靠这份傲人的历史而生存的。后辈们需要做出自己的努力来促进这一杰出品牌的持续发展。其中1933年发明的"隐秘式镶嵌法"即是这些伟大发明中最为知名的一个。这种鬼斧神工的镶嵌技术没有任何肉眼可见的爪子，镶饰效果简洁悦目，令它的每件珠宝都具有无与伦比的玲珑剔透。无论是薄如蝉翼的手帕图案的胸针，或是栩栩如生的蝴蝶，或是冰清澄澈的雪花，每件饰物都体现着梵克雅宝的细腻与灵动。"隐秘式镶嵌法"独特的镶嵌制作过程时至今日依然是使梵克雅宝傲然于世的一个重要原因。

雏菊（Marguerite）胸针

梵克雅宝的瑰宝

梵克雅宝的"幸运草"系列是演绎甜蜜的珠宝作品。梵克雅宝跳脱传统束缚，不盲从流行，勇于向时代挑战，推出了"幸运草"（Alhambra）系列，无论是纯真少女将它垂挂于胸际，散发甜蜜浪漫；或是成熟女性轻系于颈间，展现自然率真，都令所有人惊艳，成为目光的焦点。在所有惹人怜爱的现代女性手腕上诉说着柔情，

于是幸运草系列成为女性的一部分，与每位女性密不可分。它是一种幸运的象征，为佩戴者带来好运，华丽中难掩纯真特质，表现于质朴简约的线条，再加上几许浪漫调味，幸运与浪漫就在眼前。

梵克雅宝的"幸运草"系列，将单一和谐线条以及平滑的触感跃然于眼前，幸运草图案四枚叶片有着完美的圆弧形，铺镶着珍珠母贝、18K金或是钻石，经过小心的磨光过程，外

苏格拉底（Socrate）白金戒指

铂金蓝宝石手镯，1937年

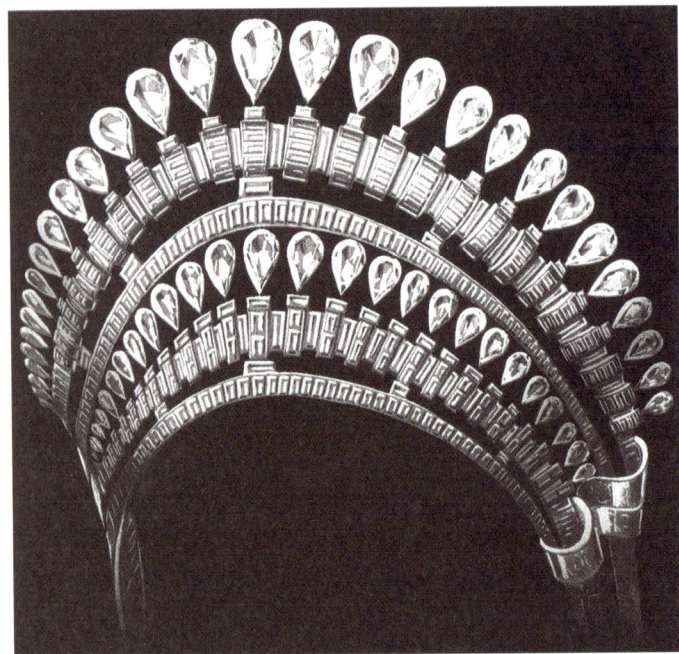

梵克雅宝为埃及公主福兹亚打造的头冠

形略呈弧形，不论任何角度都能符合手腕弧度，链环部分亦是简单柔顺的造型。整件作品浑然天成，没有一丝矫饰斧凿的痕迹。主要材质为 K 金、18K 金、灰色珍珠母贝以及钻石。"幸运草"系列含手链、项链、长项链、链带、戒指与耳环，提供佩戴者整体搭配，以增加风采。

"幸运草"系列，是以四叶幸运草的特殊含义为灵感，将她创造。幸运草的英文学名是"Clover"，早在 17 世纪 20 年代左右在西方国家就被视为幸运的象征，幸运草至今都大受欢迎。有趣的是幸运草有四片叶瓣，而每一片叶瓣都有含义，第一片代表希望，第二片代表诚信，第三片代表爱情，第四片代表幸运。戴上它，每一个人皆可体验幸福的滋味并被希望、诚信、爱情和幸运所赐福。"幸运草"系列超越季节时宜，适合任何空间、时间的佩戴，让幸运的女性展现无限的幸福光彩。

戏谑与创新间的新灵感——"两指之间"（Between the Fingers）系列

过去 20 年来，梵克雅宝创造了多种多功能商品，例如 1930 年的多功能百宝箱（Minauduere）。现在，梵克雅宝展现一款可充分游走于指间的戒指，其中的原理很简单，戒环半开成为一道道弧形，每道弧形的末端都镶嵌着贵重宝石或是铺镶着图样，如此精致的设计以近乎无形的戒环支撑着，指缝间透露着藏不住的优雅风华。

梵克雅宝主要的产品系列

梵克雅宝没有单一的款式，她以独有的个性化方式表达出设计与艺术的完美结合。梵克雅宝的 5 个经典系列均源自于 20 世纪的社会潮流，它们经常会被混合搭配在一起而形成一种全新的创作。

第一，自然主题系列。

大自然一直是梵克雅宝创作的主题，但却绝不是简单的复制。梵克雅宝以最美妙的手法演绎大自然，使其所设计的珠宝作品栩栩如生。梵克雅宝努力去捕捉自然中的轮回与最美丽的瞬间，捕捉自然界流动和稍瞬即逝的景象，以展现大自然最为真实而美丽的一刻，并表述个中玄妙的神韵。此外，不对称设计是梵克雅宝珠宝首饰的常见特色，借此来营造美妙的动感。

另外，梵克雅宝的自然主题中亦不乏多种可爱的动物，总是呈现为飞翔或是蓄势待发的姿态。

第二，可转换式设计。

风神的爱抚（Caresse d' Eole）
胸针，2004年

根据客户的特殊喜好和要求，设计出符合客户需求的、可变化的、具有多种佩戴方式的功能性珠宝饰品，是梵克雅宝最为重要的风格理念之一。

第三，舞者与精灵主题系列。

梵克雅宝的作品总是充满生机。在这个满是动物和鲜花的世界里，唯有舞者能够作为人类的代表，彰显出梵克雅宝的精神。她们有时是芭蕾舞者，有时是仙女精灵，唯有舞动的身影才是人类的代表，她们是品牌具有女性特质的化身。

第四，装饰艺术主题系列。

梵克雅宝非常精于镶嵌图样的设计。早在 1925 年，包装盒上便开始采用天青石、珊瑚、绿松石、翡翠、缟玛瑙等其他材质作装饰了。新的作品集——"仲夏夜之梦"系列即是通过传统的或是非常革新的方式展现出梵克雅宝在装饰艺术方面所取得的傲人成绩。

第五，Couture 主题。

梵克雅宝的另一重要的创作灵感来源于精美的织物。其珠宝设计紧贴纺织和时装艺术，把珍贵的珠宝视如布料般编织，把宝石幻化为各式饰品，把贵重金属雕刻成通花、网纱和渔网图案，造型惟妙惟肖。

梵克雅宝历史上的显贵客户

在珠宝的世界里，你不可以对梵克雅宝无动于衷，它代表的绝对不是一般意义上的珠光宝气，而是崇高

温莎公爵夫人，1938年

的法国气质。它是爱情与梦想的混合体，是一种不言而喻的象征。它集万千宠爱于一身，赢尽天下人的欢心。梵克雅宝自诞生以来，便一直是世界各国贵族和名流雅士所特别钟爱的顶级珠宝品牌。从温莎公爵夫人、摩纳哥王后格蕾丝·凯莉、伊朗国王与皇后，到现今的好莱坞巨星以及中国影星章子怡，无不选择梵克雅宝的珠宝，以展现他们尊贵的气质与风采。

梵克雅宝的变革源自于家族，自20世纪以来，家族的大事与伟大的人物一直在创造着历史。秉承着不断求变的宗旨，这些英才与国际上流社会同步并进，为品牌编写着光辉的发展足迹。自其诞生之日起，梵克雅宝便一直备受世界各国皇室贵族和名媛雅士的推崇与喜爱，更是华会盛典的焦点所在。梵克雅宝的顾客不少来自名流、贵族，如爱德华八世馈赠给辛普森夫人的生日礼物，1939年埃及公主福兹亚与伊朗国王大婚时所佩戴的珠宝首饰，1955年摩纳哥王子雷尼尔与好莱坞明星格蕾丝·凯莉的订婚，特别选用了梵克雅宝的一套珍珠圆钻首饰，并指定其为摩纳哥皇室的御用珠宝供应商。1967年伊朗皇后芭哈菲加冕时，委托梵克雅宝设计后冠和加冕珠宝，这款瑰宝贵气天成，成为梵克雅宝最为人赞颂的经典力作之一。件件光芒璀璨的珠宝杰作在世界珠宝发展的历史上留下了令人不可逼视的灿烂光芒。

梵克雅宝与当代的明星

佩戴梵克雅宝珠宝饰物的女人别有一番高贵魅力，令人一见倾心。梵克雅宝所展现的女人形象就是雍

格蕾丝·凯莉在她的婚礼上佩戴
梵克雅宝项链，1956年

容与华贵。从伊丽莎白·泰勒、朱丽亚·罗伯茨、莎朗·斯通、乌玛·瑟曼，到章子怡等众多当今的演艺巨星无不选择梵克雅宝来彰显她们非凡的魅力。梵克雅宝的珠宝令她们的美丽熠熠生辉，令人神驰向往。

后记

历经近百年的努力与发展，梵克雅宝现已成为国际顶级珠宝王国中那颗最为闪亮的明珠。其作品坚持采用最为上乘的宝石和材质，加以傲然于世的镶嵌技艺、匠心独具的创新理念，以及立志永恒经典的创作精神，成就了梵克雅宝的百年传奇。时至今日，梵克雅宝还是秉持这份一丝不苟的精神，对珠宝创作的热爱丝毫没有减退，这种坚持完美与恒久的追求与执著，经得起时间的冲刷与考验，成为指引梵克雅宝不断发展的明灯。这份企业精神至今不朽不息，烙刻在每一代梵克雅宝后人的心里。自 1906 年在法国凡登广场 22 号设立第一家精品店以来，梵克雅宝的足迹已随着历史的长河踏遍了世界各地。2005 年，这位法国珠宝大师终于登陆中国，将为广大的国内消费者带来爱与美……

今天，梵克雅宝位于凡登广场 22 号的专门店依然健在，从以前只招待贵宾的精品店蜕变成为现今品牌的旗舰店。为了百周年庆典，凡登广场旗舰店目前正在重新规划，全新的装潢将展示令人赞叹的风貌。梵克雅宝被视为凡登广场珠宝界的先驱者之一，此成就得归功于创立者坚信自己的直觉，以及坚持实践两个家族融合而激发的梦想，使彼此间的独特情感与友情细细酝酿，令梵克雅宝展现永垂不朽的百年风范——这就是品牌独具一格的精神所在。

梵克雅宝大事记

1896 年，荷兰宝石商人的女儿艾斯特尔·雅宝与阿姆斯特丹钻石商人的儿子阿尔弗莱德·梵克于巴黎共偕连理。

1906 年，阿尔弗莱德·梵克与艾斯特尔·雅宝的兄弟——查尔斯和朱利安合作在巴黎凡登广场 22 号设立了梵克雅宝的第一家珠宝精品店。

1909—1935 年，梵克雅宝在很多豪华海滨度假热点和温泉度假胜地开设分店。

1937 年，为"不爱江山爱美人"的温莎公爵的婚礼设计过胸饰。

1939 年，为埃及王后纳丝莉（Queen Nazli）、公主福兹亚及其他多名王室成员设计过王冠、颈饰、耳环、手镯等。

1939 年，梵克雅宝做出了至关重要的决定，在美国纽约设立办事处，旋即进驻纽约第五街 744 号，至今那里仍是梵克雅宝的一个重要"据点"。

1957 年，摩纳哥王子雷尼尔（Prince Rainier）任命梵克雅宝为王室的饰品御用店。

1974 年，梵克雅宝将珠宝王国的版图扩展到日本，到目前为止，日本仍是其在亚洲地区的最大市场。

1982 年，进驻香港。

1983 年，进驻伦敦。

1990 年，进驻首尔。

1997 年，进驻莫斯科。

2000 年，进驻迈阿密鲍利港。

2001 年，进驻芝加哥。

2005 年，落户中国北京。

安娜胡（ANNA HU）：珠宝交响曲

雅典娜的橄榄项链

导语

2010 年 3 月，旅居纽约的著名华裔珠宝艺术家、佳士得最年轻的珠宝设计师胡茵菲发布了其名为"珠宝交响诗"的 2010 最新系列顶级定制珠宝。安娜胡珠宝自创始以来的短短时间内，以其经典独特的设计蜚声国际，成为世界名流、好莱坞明星挚爱的顶级定制珠宝品牌。

华裔珠宝艺术家

在纽约的钻石区，一位亚裔艺术家用镊子小心翼翼地将钻石嵌入黄金垂坠之中。

她令人惊叹的设计基于精选的贵重宝石和珍珠，在制作上更需要一再的尝试。虽然她的珠宝艺术被视为当代作品，但其工序有数百年的历史做后盾，安娜胡的作品诞生于大纽约区三个掌握着法国传统镶工工艺的老师傅主掌的工坊中，令人惋惜的是，这是即将失传的工艺。

50 年前，新移民在这个城市中经营许多工作坊，他们的子女也随之投入这个职业，但到了

中国红莲花项链

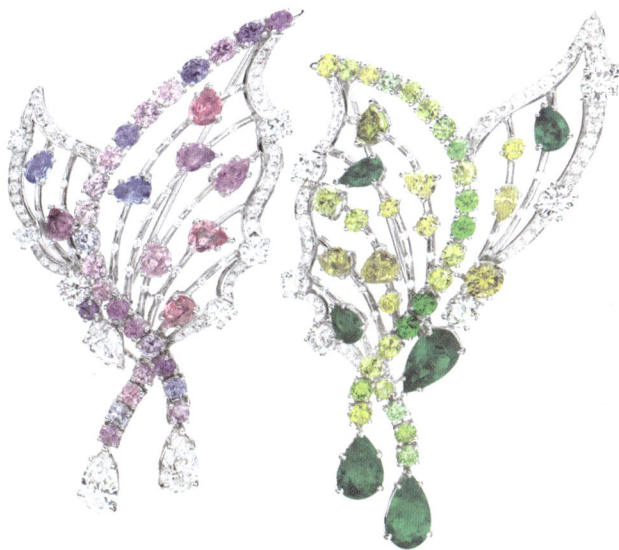

丁香和艾内蝴蝶仙子胸针

现在，这些工匠已经不再唾手可得，维埃尔工坊的所有人安德烈·哈恩必须亲自训练。

胡茵菲是在台湾出生、在纽约长大的华裔珠宝艺术家。她有古典音乐的深厚涵养，受过宝石鉴定的扎实训练，持有美国宝石鉴定学院宝石鉴定的学位，并获得纽约知名的帕森设计学院、长春藤名校哥伦比亚大学的双硕士学位。胡茵菲在她每一件高级定制珠宝作品中都注入了丰富的灵感。胡茵

紫罗兰缪思项链吊坠

菲拥有一个以自己名字命名的珠宝店——安娜胡顶级珠宝店，这是首位华裔设计师在纽约第五大道开设的高级珠宝店。它融汇了古典音乐元素、法国高级定制珠宝精神及中国艺术，安娜胡的珠宝又结合了东方美学与西方制作技艺，呈现交错与结合的美感。除了量身定制

勿忘我花戒指

的独特性外，安娜成长过程中始终保持对完美的追求，所以才创造出仿佛美术馆艺术品般的珍宝，呈现至高无上的精致质感，散发出无比的尊贵魅力。拥有深厚宝石学专业背景的安娜还经常前往世界各地寻找灵感及独特的宝石，使安娜胡珠宝呈现鲜明的风格与最高的质量。20 岁的胡茵菲即获得了全球钻石分级与宝石鉴定最值得信赖的机构美国宝石鉴定学院的宝石鉴定学位，这也是她决定全心投入珠宝设计的转折点。为了使自己的作品更加有深度，胡茵菲陆续获得世界顶尖设计学院帕森设计学院（Parsons School of Design）的艺术史硕士学位及长春藤名校哥伦比亚大学艺术管理硕士学位。并先后在佳士得（Christie's）纽约拍卖行珠宝部以及世界一流珠宝品牌梵克雅宝和海瑞·温斯顿处工作。在傲人的经历中，胡茵菲从不同角度认识顶级珠宝，更结识了生命中的重要导师，传奇珠宝设计师莫里斯·加利（Maurice Galli）。胡茵菲获得了莫里斯·加利毕生珠宝设计

88戒指

艾格尼丝戒指

的精髓，更是他至今唯一承认的学生。

2010 年 6 月，在为美国第一夫人米歇尔·奥巴马设计其在总统就职仪式上身着白色礼服的年轻设计师吴季刚的时装秀上，模特儿们戴上安娜胡的作品，演奏一出发生在纽约的高级定制时装和珠宝的交响曲。

安娜胡负责监管品

白之和声戒指

安妮戒指

牌的整个珠宝制作过程，从宝石的挑选、设计草图，到为私人预约的客户提供定制服务。在一些工艺更精细的作品中，她运用创新的材质，像钛金属，这些材质的使用能显著地减轻成品重量，但由于其制作过程中非常容易碎裂，也加大了制作难度。

国际知名拍卖公司佳士得的伦敦和中东珠宝部总监大卫·华伦（David Warren）先生表示，虽然年仅 30 岁，安娜胡已经被世界珠宝艺术专业界视为当代最顶尖的珠宝艺术设计师之一。

对安娜胡的客户来说，最具吸引力的可能就是她令人惊艳的大胆设计。

麦当娜、德鲁·巴里摩尔等名人也曾被拍到佩戴着安娜胡精心设计的作品出席各项盛大活动。迪拜佳士得去年曾将她所设

贝多芬月光波浪手镯

计饰有月长石及钻石的手镯以 48000 美元售出，高于当初 10000 至 15000 美元预售价三倍之多。

2007 年秋天，就在莱曼兄弟申请破产保护的两周前，安娜胡刚与皇家城堡饭店（Plaza Hotel）的精品店签下一纸契约，准备开设一个预约式的独立空间。

安娜胡说："我当时只能勇往直前。"她花费了超过 100 万美元重新翻修，这家店铺后来也为她赢得了美国精品商业协会（Association for Retail Environments）全美年度精品

波瑟芬耳环

波瑟芬项链

商业设计大奖。

　　2008年冬天她的店面开幕之际，当时的高端珠宝生意充满着挑战。全球总体珠宝销售量已经持续下滑了3年。在经济衰退之后，这个高端的独立行业遭受了有史以来最严重的打击。

丁香蝴蝶仙子胸针

　　她在高度竞争的珠宝市场拥有很大的优势：她的父亲是台湾地位很高的宝石贸易商，而她的母亲则是珍珠及玉石专家。

凡妮莎钻石耳环

凡妮莎钻石手链

菲比戒指

华尔街之名

旅居美国纽约的著名华裔珠宝艺术家胡茵菲，她的名字曾经跃登在美国乃至全世界最具影响力的媒体——《华尔街日报》（ The Wall Street Journal ）上。2010 年 5 月 1 日，在《华尔街日报》纽约特版上，以近全版的篇幅，报道了来自台湾的珠宝艺术家安娜胡，也同时在网络新闻中，加入长达两分多钟的影音新闻，深入介绍安娜胡的品牌哲学。这个珠宝界的后起之秀突然在一瞬间成为人们目光汇聚的焦点。而关于安娜胡的故事也终于渐渐揭开它神秘的面纱，一层一层显露它当代艺术的锋芒。

《华尔街日报》有超过 120 年的历史，以深度报道见长，对题材的选择也非常谨慎。而其纽约特版于 2010 年 4 月 26 日正式发行，专注于报道纽约最受瞩目的政经文化等议题，以及介绍最具影响力的人士。

　　华裔珠宝艺术家安娜胡是开版以来首位被头版专题报道的珠宝设计师，足显其在世界之都纽约所受到的巨大关注。安娜胡已经不只是用珠宝在时尚界掀起热潮，更以其快速蔓延的品牌魅力以及在激烈的竞争环境中不断成长的品牌精神，备受瞩目，再次展现华人的巨大影响力。

皇家城堡饭店之星　纽约当代珠宝艺术家

　　安娜胡在纽约的顶级珠宝店位于纽约第五大道的皇家城堡饭店。于1907 年开业的皇家城堡饭店是不折不扣的百年老店。那扇著名的十字形旋转门犹如巨大舞台的入口，纷至沓来的世界各界名流使这里成为纽约名利场的缩影。安娜胡在

盖希文爵士手镯

红山茶花耳环

这里遇见了来自俄罗斯、中东、西班牙、法国等世界各地的皇室成员、贵胄名流，其中一些已成为安娜胡摄人心魄的艺术珠宝的忠实拥趸。 如今，安娜胡已经是皇家城堡饭店最闪耀的一颗明珠，其最新官方网站上安娜胡寄语的视频登载在首页，她是皇家城堡饭店众多传奇品牌中的唯一受邀设计师。

在纽约，安娜胡是众多有影响力的媒体最为推崇的珠宝设计师，各大主流媒体纷纷不

红山茶花戒指

各赞誉之词对安娜胡这个生于台湾，接受西方教育的当代珠宝设计师予以了深入的报道，称她为"纽约当代珠宝艺术家"。

红之和声戒指

好莱坞明星麦当娜御用珠宝设计师

佩戴安娜胡珠宝的名流明星名单越来越长，列在其上的名字也让人不由得惊叹。安娜胡珠宝

蝴蝶花海戒指

以其与瞬息万变的时尚逆行的梦幻经典设计俘虏了一个又一个见惯了璀璨耀眼各式珠宝而变得无比挑剔的心。安娜胡是麦当娜、奥普拉、巴里摩尔等明星出席艾美奖颁奖典礼、纽约时装学院庆典等重要活动以及参加脱口秀栏目等日常场合的长期御用珠宝商。

2009 年 5 月麦当娜在纽约时装学院庆典佩戴安娜胡珠宝掀起话题之后，好莱坞著名时尚摄影师汤姆·穆罗（Tom Munro）举办的奥斯卡前夕派对上又都佩戴了安

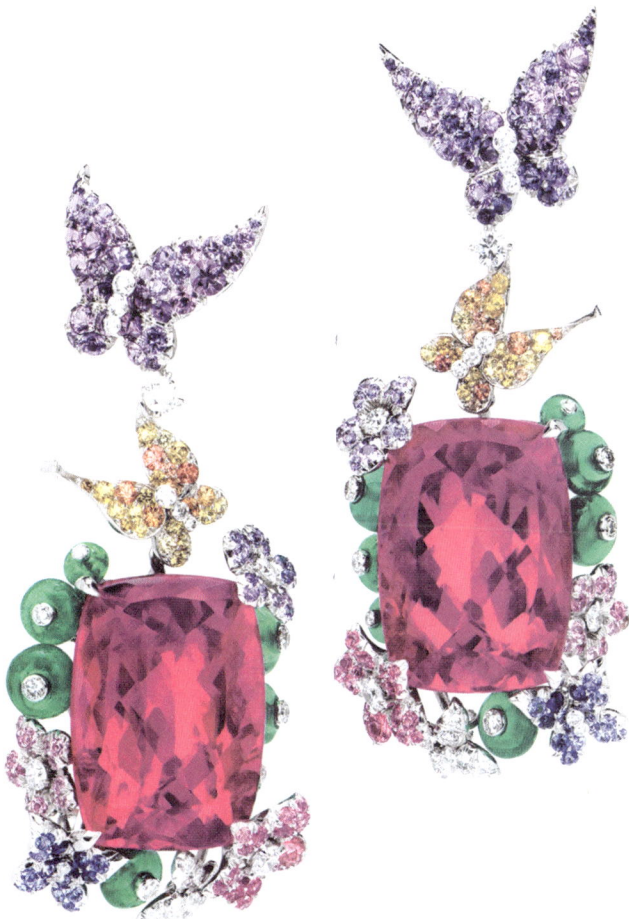

蝴蝶花海耳环

吉纳维公主戒指

吉纳维皇后戒指

娜胡顶级定制珠宝。3月25日在汤姆·穆罗私人媒体活动盛大的发表会上选择"利维娅"（Livia）全钻手环。该手环出自安娜胡经典系列"当代公主2010"的全新作品，这个系列的灵感源自古典艺术珍品，是对装饰艺术风格的现代诠释，诗意的线条以及梦幻般的韵律，使其尤为受到各国贵族皇室的喜爱。关于为何如此钟爱安娜胡的珠宝，麦当娜这样表示："我在安娜胡的设计中发现了与自己灵魂相似的部分，她是简单与复杂，平静与激烈的综合体，蕴含着巨大的张力。不论盛大的仪式或者私人晚宴，只要我决定了今天的装扮，就能马上从安娜胡那里找到完美的珠宝搭配。"

珠宝交响诗

旅居纽约的著名华裔珠宝艺术家胡茵菲（安娜胡）与新生代华裔设计师吴季刚（Jason Wu）首度合作，在2010年6月纽约吴季刚的高级时装秀上，安娜胡古典优雅的珠宝佩饰与 Jason Wu 的高级定制服装相映生辉，一场精彩绝伦的高级珠宝与时装的盛宴，为国际舞台上的华人成就，再创下精彩的一页。

金色雾霭缠绕着哈得逊河边垂钓老人回忆远航的旧事，当绚烂的阳光转过自由女神皇冠的瞬间，走进被安娜胡与吴季刚这两位世界顶级设计师跨界打造的金石珠宝的秀场，总会轻叹世界上不会有第二个情景如此时一

吉纳维项链

金海马戒指

般极致和梦幻，世界顶级珠宝的魅力代表，至尊情迷的华贵礼服，婀娜迷人的精英名媛，风潮正劲的时尚潮人，一同见证那奢华盛宴。

安娜胡顶级定制珠宝 2010 "珠宝交响诗"系列延续设计师的灵感来源，升华为四大主题，分别为："梦

幻花园"（Surreal Garden），"东方艺术"（Oriental Art），"当代公主"（Modern Regina）及"音乐"（Music）。新系列珠宝如同安娜胡以往作品，淋漓尽致地展现了安娜胡艺术创作哲学的四大经典

金之和声戒指

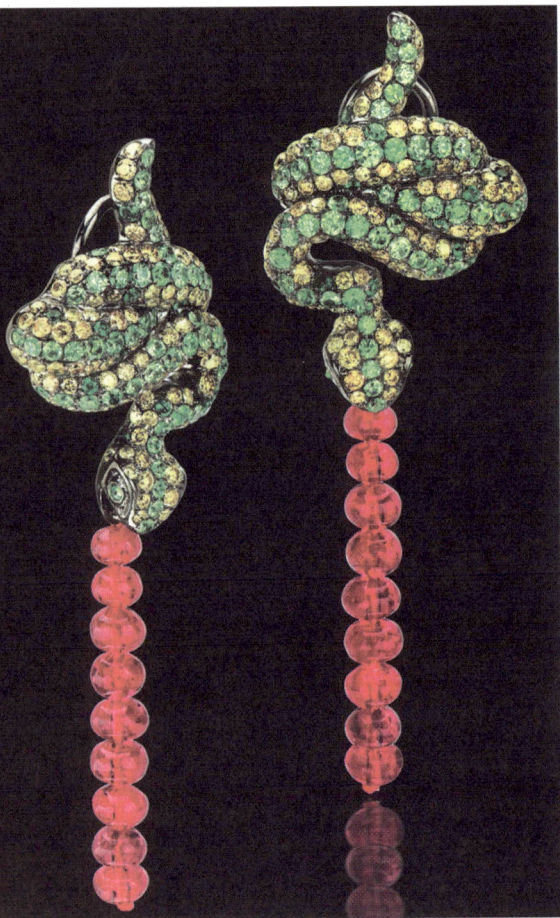

克利欧佩特拉埃及艳后耳环

元素：古典、浪漫、唯美和梦幻。拥有深厚古典音乐底蕴的安娜胡钟爱李斯特关于"交响诗"的美好想法：跳动的音符代表扣人心弦的文字；旋律让歌词有了动人的画面；和声娓娓道出人们内心深处的情感悸动。就 2010 年最新作品，安娜胡表示："音乐一直是我取之不尽的灵感源泉。对我来说，珠宝创作如同音乐的创作，是艺术与灵魂深处的灵感激荡而成。我期许我的每

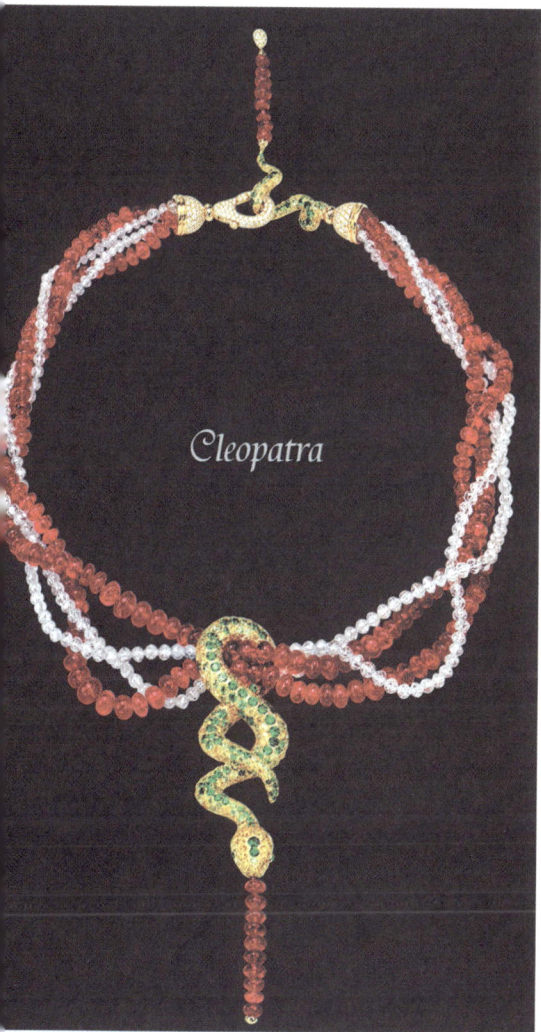

克利欧佩特拉埃及艳后项链

利维亚耳环

件艺术珠宝作品，如音乐，轻抚并感动人心。"

　　安娜胡高级定制珠宝精练并鲜明地代表着她所想要表达的设计理念，古典高雅的情调和奇思妙想的幻境总是以对工艺与技术的完美追求原则为承载基础，使得每件作品无不闪动着生命的力量，更是华人珠宝即将唱响世界舞台的序曲。

　　如今，时尚女性、艺术名人比以往任何时候都渴望安娜胡的作品，设计师用撼动灵魂的珠宝艺术，在美利坚最繁华的地方绽放着优雅脱俗的芬芳。

路易莎钻石流苏手链

绿之和声耳环

绿之和声戒指

潘多拉奇异兰花耳环

梦幻月光十字架项链吊坠

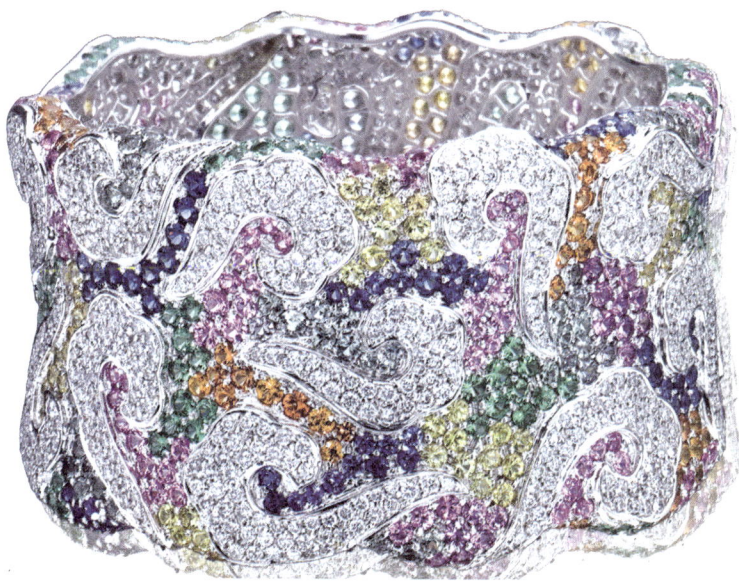

如意云纹手镯

萨尔玛耳环

萨尔玛项链

竖琴戒指（1）

竖琴戒指（2）

索尼娅戒指

太阳月亮戒指

图兰朵耳环

图兰朵戒指

图兰朵项链吊坠

温妮戒指

勿忘我花戒指

图兰朵流苏耳环

西班牙冰钻向日葵耳环

维多利亚皇冠项链

勿忘我花项链吊坠

香格里拉红荷花项链

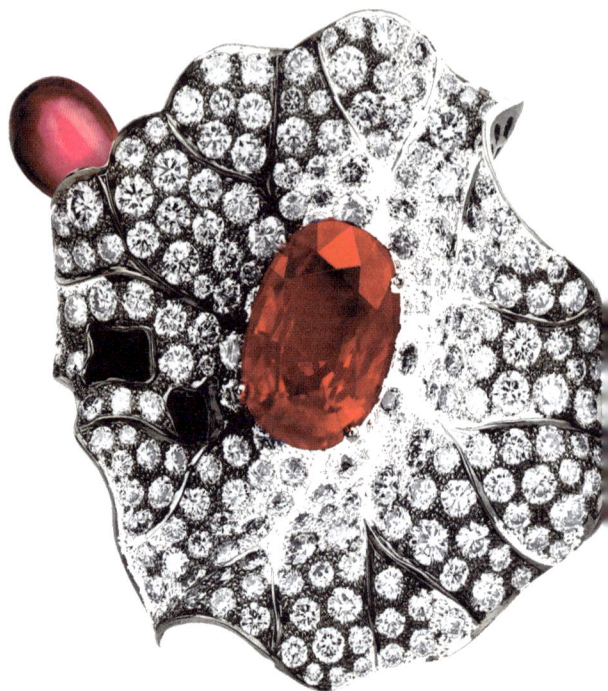

香格里拉红荷叶戒指

星河结婚戒（女）

伊莎贝尔钻石手链

月老爱情结戒指

月老爱情结手链

雅典娜的橄榄耳环

紫罗兰缪斯耳环

旋律戒指

中国丹香紫香兰戒指

紫罗兰缪斯项链吊坠

中国金香兰戒指

朱红香格里拉花园戒指

伊薇特戒指